AF568174

Heiko Schwarzburger | Sven Ullrich

SONNENSTROM AUS DER GEBÄUDEHÜLLE

Das Gebäude

Die Fachbuchreihe zu den Themen
- Baurechtpraxis und Baumanagement
- Bautechnik
- Energieeffizientes Bauen
- Energiesystemtechnik
- Gebäudetechnik, TGA und Facility Management
- Klima- und Lüftungstechnik
- Sicherheitstechnik

DIPL.-ING. HEIKO SCHWARZBURGER M.A.
DIPL.-POL. SVEN ULLRICH

SONNENSTROM AUS DER GEBÄUDEHÜLLE

Grundlagen und Praxistipps
zur bauwerkintegrierten Photovoltaik (BIPV)

VDE VERLAG GMBH

ICS 27.160; 91.060; 27.190

Bibliografische Information der Deutschen Nationalbibliothek
Die Deutsche Nationalbibliothek verzeichnet diese Publikation in der Deutschen Nationalbibliografie; detaillierte bibliografische Daten sind im Internet über *http://dnb.dnb.de* abrufbar.

ISBN 978-3-8007-5309-3 (Buch)
ISBN 978-3-8007-5310-9 (E-Book)

Coverfoto: NEW-Blauhaus, Mönchengladbach; Architektur: kadawittfeldarchitektur;
Foto: Andreas Horsky

Satz: primustype Robert Hurler GmbH, Notzingen
Druck und Bindung: Beltz Grafische Betriebe GmbH, Bad Langensalza
Printed in Germany 2021-05

Vorwort

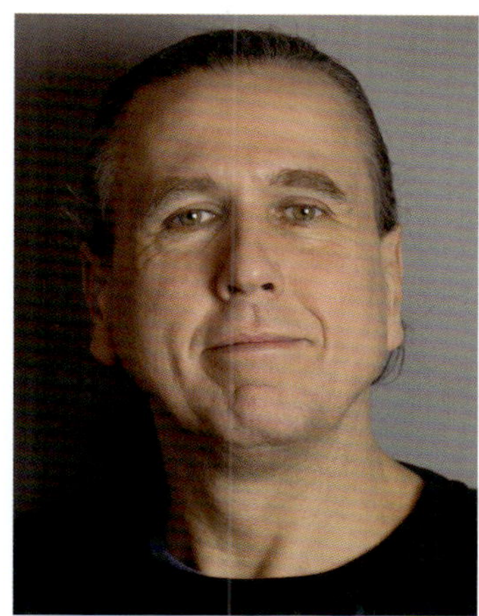

Dipl.-Ing. Heiko Schwarzburger M.A.
hs@solarage.eu
(© Mildred Klaus)

Dipl.-Pol. Sven Ullrich
su@solarage.eu
(© Heiko Schwarzburger)

Nach Jahren der technischen und Marktentwicklung kommt die Photovoltaik nun im Bauwesen an. Technik und Produkte sind ausgereift und erschwinglich, um den Architektinnen und Architekten völlig neue Möglichkeiten der Gestaltung von Dächern und Fassaden an die Hand zu geben. Die Technologien bieten ihnen volle Freiheit in Farbe, Form, Größe und Raster. Denn solare Gebäude haben zahlreiche, sehr gewichtige Vorteile: Sie decken einen großen Teil oder den gesamten Energiebedarf ihrer Nutzer mit sauberem und preiswertem Sonnenstrom sowie ergänzenden Technologien wie Ökostrom aus dem Netz oder Brennstoffzellen, die mit Erdgas oder Wasserstoff betrieben werden.
Die Gebäudehülle – bisher Kostgänger bei der Sanierung oder im Neubau – wird solar aktiviert. Der erzeugte Sonnenstrom bietet einen monetären Mehrwert, der der Investition in den Bau und den Ausgaben für den Gebäudebetrieb gegenübersteht. Gebäude, die ihren Energiebedarf nahezu selbst decken, bieten über die Jahrzehnte ihrer Nutzung gerechnet minimale Energiekosten.
Schon gibt es erste Beispiele, bei denen die Vermieter auf die sogenannte Zweite Miete – die individuelle Abrechnung der Energiekosten für elektrischen Strom und Wärme – verzichten. Statt dessen rechnen sie mit den Mietern über eine Flatrate für Energie ab. Das spart Aufwand bei der Verwaltung und bei den Zählern.
Zudem gelingt es mit der solarelektrischen Vollversorgung der Gebäude, die Zahl der Gewerke am Bau deutlich zu reduzieren. Wer die Flächen der Gebäudehülle klug mit Photovoltaik nutzt, kann sogar Warmwasser und Raumwärme zum guten Teil mit Sonnenstrom decken. Reicht die Energie aus den Solarmodulen im Winter nicht aus, springen Hybridgeneratoren wie Brennstoffzellen oder das Stromnetz mit Ökostrom etwa aus der Windkraft ein.
In Deutschland hat der Gesetzgeber die Bedingungen für die Eigennutzung von Sonnenstrom vereinfacht – auch wenn derzeit noch zahlreiche bürokratische Hürden lauern. Das Mieterstromgesetz erfährt sukzessive Verbesserungen. Die umfangreichen Förderprogramme des Bundes und der Länder für die energetische Sanierung des Gebäudebestandes rechnen Photovoltaik bei den Zielvorgaben hoch an. Und die Kreditanstalt für Wiederaufbau (KfW) knüpft ihre Zuschüsse und Tilgungshilfen an möglichst hohe Anteile von Sonnenstrom zur Gebäudeversorgung.
Dieses Buch stellt die Technik der Photovoltaik und ihrer Integration in die Gebäudehülle vor. Denn für die Architektinnen & Architekten, für Gebäudeplanerinnen & Gebäudeplaner sowie für die Immobilienwirtschaft ergeben sich völlig neue Chancen und Geschäftsmodelle. Die Einbindung von stationären Brennstoffzellen, BHKW, Stromspeichern, elektrischer Wärmetechnik und Ladetechnik für die E-Mobilität wird umfassend erläutert und an zahlreichen Beispielen aus der Praxis belegt. Hilfreiche Tipps runden die Informationen ab.
Denn längst wurde eine Vision zur Realität: Wer modern baut, baut mit der Sonne.

Berlin, im April 2021 — Heiko Schwarzburger & Sven Ullrich

Inhalt

Die Planer des niederländischen Solarprojektierers Zonel haben das Dach einer Reithalle der Hollandsche Manege in Amsterdam mit semitransparenten Solarmodulen eingedeckt. Die Module der Sonnenstromfabrik aus Wismar sind nicht nur das Herz eines modernen Energiekonzepts des historischen Reitzentrums. Sie sorgen auch für eine einzigartige Lichtstimmung in der Halle. *(© Sonnenstromfabrik.com)*

1

Einführung in die Solartechnik

1.1 Was ist Sonnenstrom?

Unter Sonnenstrom versteht man elektrischen Strom, der aus dem Licht der Sonne gewonnen wird – mittels Solarzellen. Das Prinzip ist denkbar einfach: Die Sonne bescheint ein leitfähiges Material. Die energiereichen Photonen übertragen ihre Energie an die Elektronen in der Zelle, die nun ihre gewohnten Bahnen verlassen und frei beweglich werden.

Weil bei Metallen (wo dieser Effekt einst erstmals entdeckt wurde) die freien Elektronen sofort wieder von Protonen im Atomgitter eingefangen werden, nutzt man Halbleiter als photoaktives Material. Bei ihnen lassen sich die beweglichen Elektronen als negative Ladungsträger und die sogenannten Störstellen als positive Ladungen leichter trennen. So entsteht ein elektrisches Potenzial zwischen dem Minuspol und dem Pluspol der Solarzelle.

Installation einer solaren Überkopfverglasung.
(© Schindler clean energy systems)

Eindeckung eines Schrägdachs mit solaren Ziegelelementen – hier dem G10 PV.
(© Dachziegelwerke Nelskamp GmbH)

Solare Fassade an einem sanierten Bürogebäude.
(© Galaxy Energy GmbH)

Entwurf von solaren Mehrfamilienwohnhäusern in Lübben.
(© Timo Leukefeld GmbH)

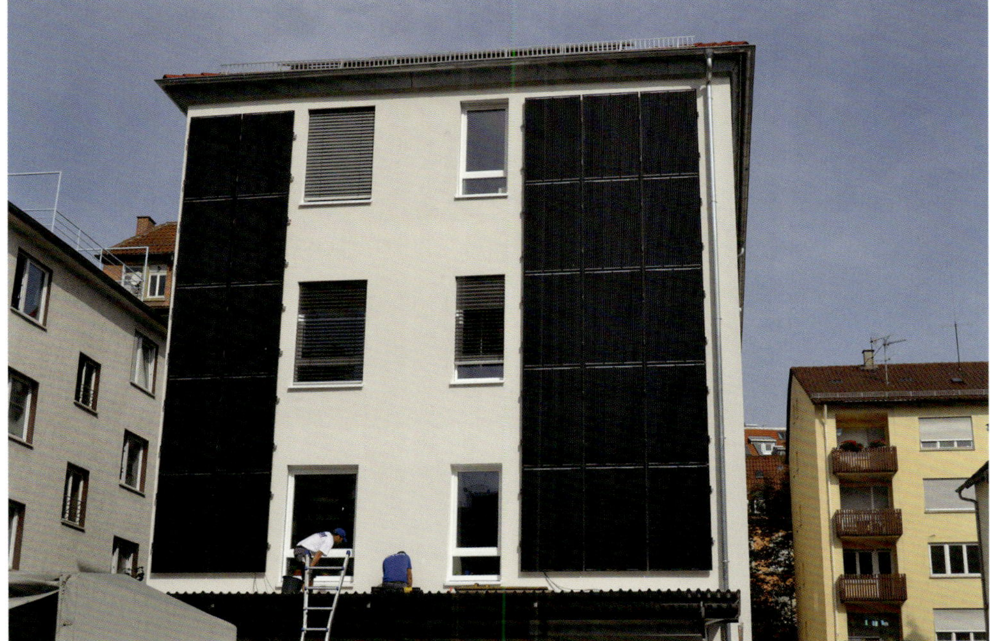

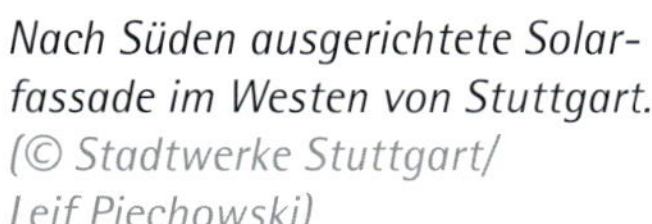

Nach Süden ausgerichtete Solarfassade im Westen von Stuttgart.
(© Stadtwerke Stuttgart/ Leif Piechowski)

TIPP Weil die Energie der Lichtteilchen (Photonen) in elektrische Spannung (Volt) umgesetzt wird, spricht man von Photovoltaik. Im Unterschied zur Solarthermie (Wärme aus Sonnenlicht) braucht sie kein Trägermedium, keine Pumpen, keine Dichtungen und keine bewegten Teile.

TIPP Eine Solarzelle, ein Solarmodul oder ein Solargenerator geben stets eine Gleichspannung ab. Auch chemische Speicherbatterien und E-Autos nutzen in der Regel Gleichspannung.

1.2 Von der Solarzelle zum Solarmodul

Als ein besonders geeignetes photoaktives Material hat sich Silizium herausgestellt, weil es bestimmte Spektralanteile des Sonnenlichts sehr gut absorbiert und in elektrischen Strom umsetzt. Zudem ist die chemische Aufbereitung von Silizium durch die Chip-Industrie bereits gut beherrscht.

Eine Siliziumzelle allein in den üblichen Abmaßen mit sechs Zoll Kantenlänge gibt nur eine geringe elektrische Leistung ab. Zudem sind die Siliziumzellen sehr fragil, sie brechen leicht. Deshalb packt man eine bestimmte Anzahl dieser Solarzellen in einen Verbund und laminiert ihn witterungsfest in beständige Folien ein. Um ein langlebiges Bauteil zu erhalten, werden die Vorderseite und manchmal auch die Rückseite mit Glas versehen,

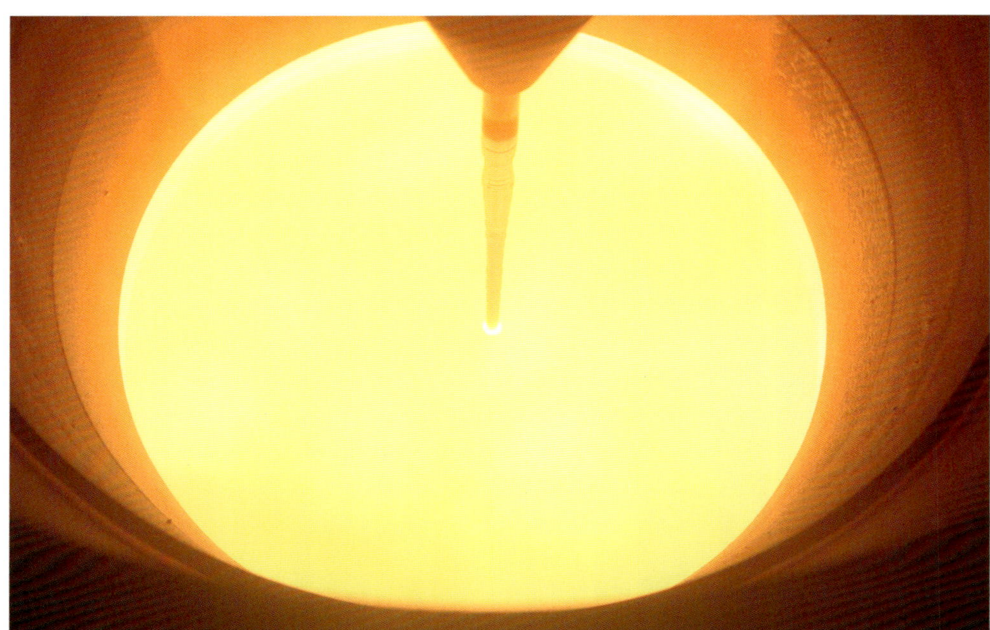

Blick in den Schmelztiegel für monokristallines Silizium.
(© Heiko Schwarzburger)

Diese Siliziumkristalle wurden aus der Schmelze gezogen. Daraus entstehen die Wafer für die Solarzellen.
(© Heiko Schwarzburger)

zudem wird das Laminat von einem steifen Metallrahmen gehalten. Er ermöglicht die feste und sichere Installation der Solarmodule am Dach oder an der Fassade. Es ist jedoch auch möglich, ungerahmte Laminate zu installieren oder Leichtbaumodule ohne Glasabdeckung.

Je nach Format und Zahl der Solarzellen im Modul ergeben sich die elektrische Spannung des Moduls und seine Leistung. Für unsere Zwecke genügt es zu wissen, dass die Nennleistung eines Solarmoduls seine Spitzenleistung ist. Die auch als Peakleistung bezeichnete elektrische Leistung entspricht der Leistung bei voller Sonneneinstrahlung.

TIPP Die Nennleistung ist die Spitzenleistung eines Solarmoduls [Watt] bei vollem Sonnenschein. Die Nennleistung des Solargenerators ergibt sich, indem man die Leistung aller Module addiert [kW oder MW].

Wafer für Solarzellen vor dem Prozessing.
(© Heiko Schwarzburger)

Siliziumwafer in der Transportverpackung.
(© Heiko Schwarzburger)

Exkurs: Wirkungsgrad und Kosten

Unter Wirkungsgrad versteht man die Effizienz technischer Systeme. Er ergibt sich aus dem Verhältnis von Eingangsenergie zur Ausgangsenergie. Bei Motoren ist es die aufgewendete Energie (Heizwert des Kraftstoffs beim Verbrennungsmotor oder der elektrische Strom aus der Traktionsbatterie) nebst Steuerenergien gegenüber der mechanischen Antriebsenergie, die der Motor bei einer bestimmten Drehzahl an die Getriebe oder direkt an die Räder abgeben kann (Diesel/Benzin: 35-40 %, E-Motoren: bis 95 %).
Bei Photovoltaikanlagen bezeichnet der Wirkungsgrad die Effizienz bei der Umwandlung von Sonnenlicht in elektrisch nutzbaren Strom. Dabei unterscheidet man in Zellwirkungsgrad (Umwandlung je Solarzelle), in Modulwirkungsgrad (auf ein Solarmodul mit bspw. 60 Zellen bezogen), in DC-String-Wirkungsgrad oder in DC-AC-Wirkungsgrad (inklusive aller Wandlungsverluste im Wechselrichter).
Auch bei Speicherbatterien wird der Wirkungsgrad angegeben, als reiner DC-DC-Wirkungsgrad der Speicherzellen und der Speichermodule oder als AC-AC-Wirkungsgrad (Roundtrip) für AC-seitig eingebundene Batteriesysteme.
Der Wirkungsgrad findet seinen Niederschlag in den spezifischen Systemkosten (Euro/kW oder Euro/m²) oder in der spezifischen Flächenleistung (kW/m²). Je höher der Wirkungsgrad des Photovoltaiksystems, desto mehr Leistung kann man auf einer bestimmten Fläche installieren, desto höher ist der Energieertrag, desto geringer sind die Kosten je erzeugter kWh Sonnenstrom.

TIPP Dächer und Fassaden bieten in der Regel sehr große Flächen für Solargeneratoren an. Deshalb sind die Kosten viel wichtiger als der Wirkungsgrad. Wenn Fläche ausreichend zur Verfügung steht, gilt es, das (bau)ökonomische Optimum zu finden.

1.3 Vom Solarmodul zum Solargenerator

Ein Standardmodul mit 60 monokristallinen Solarzellen gibt – Stand Ende 2020 – rund 340 W Nennleistung ab. Seine Betriebsspannung liegt bei rund 35 V. In einem Modulstring werden bis zu 30 Solarmodule in Reihe geschaltet. Damit liegt die Systemspannung des Generators bei 1000 V Gleichspannung. Die Nennleistung des Strings beträgt somit 10,2 kW. Ein Solargenerator kann aus etlichen Einzelstrings bestehen. Größere Systeme arbeiten mit Systemspannungen bis 1500 V pro Solarstring.
In manchen Anwendungen werden die Solarmodule nicht in Reihe (im String) geschaltet, sondern parallel. Dann bleibt die Spannung des Systems bei 35 V, aber die Ströme sind deutlich höher. Die Entscheidung, ob in Reihe oder parallel, hängt im wesentlichen von der Anschlusselektronik ab. Die Auswahl wird bei der technischen Planung getroffen.

TIPP Jede Fläche der Gebäudehülle, die von der Sonne beschienen wird, lässt sich als Solargenerator nutzen. Das verändert die Anforderungen an die Gebäudeplanung, birgt aber die Chance, die Energiekosten des Gebäudes während seiner Nutzungszeit drastisch zu reduzieren.

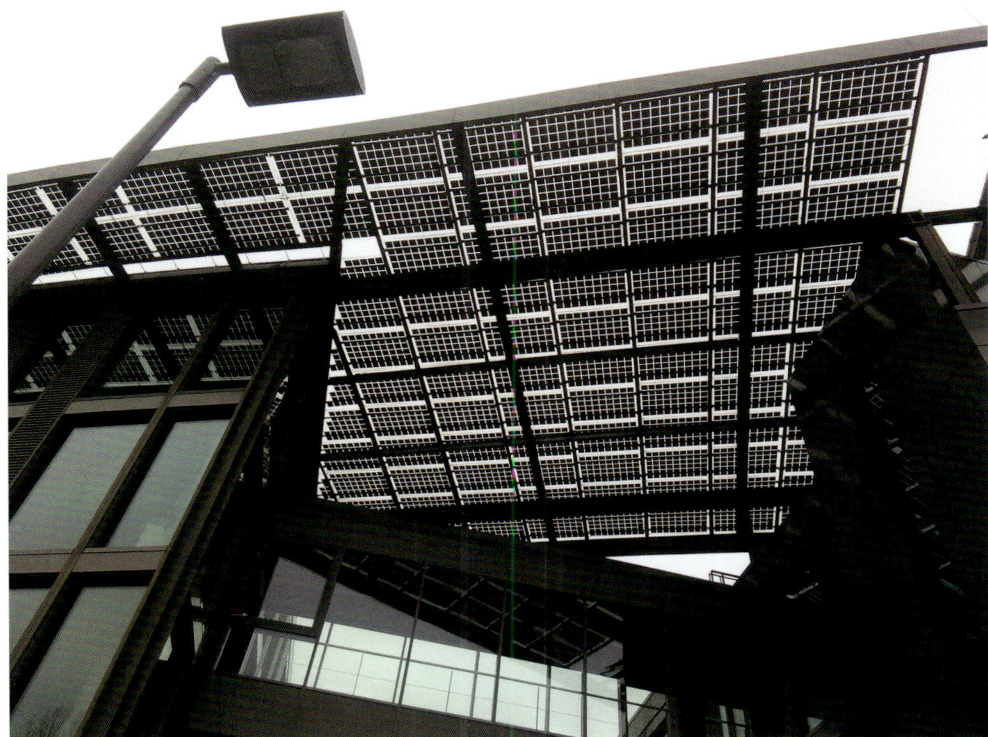

Solardach aus semitransparenten Doppelglasmodulen mit kristallinen Solarzellen.
(© Heiko Schwarzburger)

1.4 Energetische und monetäre Erträge

Der Ertrag einer Solaranlage bezieht sich entweder auf die erzeugte Energiemenge (Energieertrag) oder die damit erwirtschaftete Geldmenge.

1.4.1 Energieertrag

Der Energieertrag einer Photovoltaikanlage (Solargenerator) ergibt sich aus der Nennleistung (Peakleistung), multipliziert mit der Sonnenscheindauer im Jahr. Die Solarstrahlung liegt in Deutschland, Österreich und der Schweiz je nach Region zwischen 750 und 1200 kWh/m^2 und Jahr. Überschlägig kann man diese Faustformeln nutzen:

- **Süd- und Mitteldeutschland, Österreich und Schweiz:**
  Nennleistung (kW) x 900–950 kWh/kW = jährlicher Ertrag in kWh (Schätzung)
- **Norddeutschland:**
  Nennleistung (kW) x 750–850 kWh/kW = jährlicher Ertrag in kWh (Schätzung)

Gemessen wird die jährliche Energiemenge am Ertragszähler, auch PV-Zähler der Photovoltaikanlage genannt. Über ein Monitoringsystem kann man die Erträge laufend kontrollieren. Sinkt der Ertrag einer Anlage in ungewöhnlicher Weise ab, deutet dies auf einen Fehler hin.
Eine ordnungsgemäß geplante und installierte Photovoltaikanlage liefert in der Regel zuverlässig die prognostizierten Energieerträge. Dennoch sollte man der Technik und dem Installateur nicht blind vertrauen. Die Anlage braucht ein Monitoringsystem, um die Energieerträge und den Betrieb der Solartechnik laufend zu überwachen.

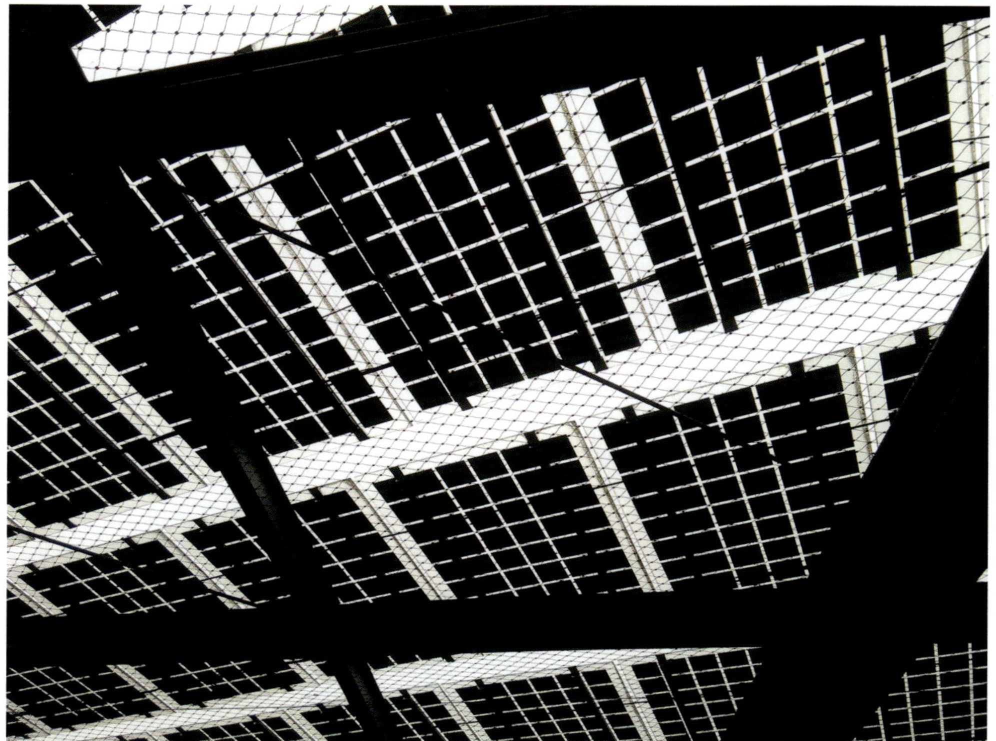

Mit kristallinen Glas-Glas-Modulen lassen sich interessante optische Raster erzielen – und die Betriebskosten senken. *(© Heiko Schwarzburger)*

Denn sinkende Erträge, auch als Ertragsverluste bezeichnet, deuten auf Fehler und Defekte im Photovoltaiksystem hin. Das können Produktionsfehler an den Solarmodulen sein, die sich erst nach einer Weile bemerkbar machen. Das kann alterungsbedingter Verschleiß sein, wobei diese Gefahr bei Photovoltaik nur gering ist, weil sie keine bewegten Teile hat und nicht sehr heiß wird. Schäden zeigen sich gleichfalls in Ertragsverlusten. Den Verschleiß über die Lebensdauer bezeichnet man als Degradation.
Diese Verringerung der Leistung wird in der Regel durch die Garantieerklärung der Hersteller abgedeckt. Denn das Nachlassen der Leistung ist eine Folge der Alterung der Technik. Sie kann in 20 Jahren bis einige Prozent der ursprünglichen Nennleistung erreichen. Das hängt von der Modultechnik (kristallin, Dünnschicht) und den Einsatzbedingungen ab. Auch Batteriespeicher verlieren im Lauf der Zeit an Speicherkapazität und Leistung. Die konkreten und zulässigen Werte finden sich in den Datenblättern und den Garantieerklärungen der Hersteller.
Auch Verschattung, Tierverbiss oder Verunreinigungen verursachen Verluste, die man im Monitoringsystem gut und frühzeitig erkennen kann. Leistungsverluste durch Fehler bei der Herstellung oder Installation oder durch Sturmschäden beziehungsweise Blitze bezeichnet man nicht als Degradation.

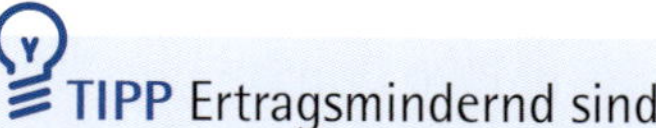

TIPP Ertragsmindernd sind:

- nicht optimale Ausrichtung der Solarmodule,
- Verschmutzung oder Schäden der Solarmodule und
- ihre (teilweise) Verschattung.

Jedes Photovoltaiksystem braucht – wie jeder Generator – ein Monitoring zur laufenden Überwachung des Betriebs und der Energieerträge. Wer an dieser Stelle spart, zahlt später unter Umständen drauf.

1.4.2 Monetäre Erträge

Bei Photovoltaikanlagen gibt es zwei Möglichkeiten, den Energieertrag in Gelderlös (monetärer Ertrag) auszudrücken: durch die Einspeisevergütung für je kWh ins Stromnetz eingespeisten Solarstrom oder durch eingesparten Stromkauf, wenn der Solarstrom vor Ort selbst verbraucht wird.

Als die Einspeisevergütungen noch sehr hoch waren und Eigenverbrauch aufgrund hoher Systempreise wenig lukrativ, rechnete man die Einspeisevergütung über 20 Jahre gegen die Kosten für die Investition und die Finanzierung, etwa über einen Bankkredit. Der in 20 Jahren (Laufzeit des Kredits) erwirtschaftete Überschuss war die Rendite, weil es sich faktisch um ein wirtschaftliches Geschäft durch Stromverkauf ans Stromnetz gegen Einspeisevergütung handelte.

Heute baut man die Anlagen vordergründig für die Eigenstromversorgung eines Gebäudes und der E-Fahrzeuge. Der Solarstrom wird vor Ort verbraucht, nur Überschüsse wer-

Das Zentrum für Photovoltaik und Erneuerbare Energien im Berliner Stadtteil Adlershof. Der großzügige, verglaste Eingangsbereich wird durch Solarelemente verschattet. Der Stromertrag der kleinen Fassadenmodule dient zur Refinanzierung der Installation. (© Heiko Schwarzburger)

den ins Stromnetz eingespeist. Dadurch spart der Anlagenbetreiber viel Geld beim Einkauf von teurem Netzstrom. In diesem Fall spricht man nicht mehr von Rendite, sondern von Einsparung oder Kostensenkung. Durch die fallenden Preise für Photovoltaiksysteme und Speicherbatterien sowie die stark abgesenkte Einspeisevergütung ist Eigenverbrauch mittlerweile viel lukrativer als Netzeinspeisung.

TIPP Sonnenstrom ohne Förderung ist bei möglichst hohem Eigenverbrauch wirtschaftlich. Wenn möglichst der gesamte Sonnenstrom im Gebäude und in E-Fahrzeugen verbraucht werden kann, ist der betriebswirtschaftliche Gewinn des Solargenerators maximal.

TIPP Elektrischer Strom lässt sich verlustarm in jede andere Energieform umwandeln: in Wärme, Kälte, Ventilation, mechanische Antriebe (elektrische Motoren) oder E-Mobilität. Damit ist die solarelektrische Vollversorgung von Gebäuden möglich, sprich: weniger Technik im Gebäude und weniger Gewerke am Bau.

1.5 Verschiedene Modultypen und ihre Eigenheiten

1.5.1 Solarmodule aus kristallinen Siliziumzellen

Silizium (Symbol: Si) ist ein chemisches Element und Halbmetall der Ordnungszahl 14. Es steht in der vierten Hauptgruppe, in der sogenannten Kohlenstoffgruppe, und bildet ganz ähnliche chemische Verbindungen wie Kohlenstoff aus. In der Erdhülle ist es nach Sauerstoff das zweithäufigste Element.

Das Halbmetall hat metallische und nichtmetallische Eigenschaften. Unter Einstrahlung von Sonnenlicht setzt es aufgrund des photoelektrischen Effekts Elektronen (negativ geladen) und Störstellen (positive Ladung) frei, die man als Sonnenstrom nutzen kann. Reines Silizium ist schwarzgrau und metallisch glänzend, eine monokristalline Solarzelle wirkt schwarz.

Gewonnen wird Solarsilizium aus Siliziumoxiden (Sand) mit hoher optischer Reinheit (Quarzsand). Er wird chemisch gereinigt und aufgeschmolzen, um Monokristalle aus der Schmelze zu ziehen. Dieser Kristall wird anschließend in hauchfeine Scheiben (Wafer) zersägt. Um die Ladungstrennung in der Solarzelle zu verbessern, wird der Siliziumwafer chemisch in mehreren Stufen prozessiert. So wird er zur solaraktiven Zelle.

Je nach Eigenschaften des Kristalls, der den Wafer bildet, unterscheidet man polykristalline und monokristalline Solarzellen.

Bei polykristallinen Photovoltaikmodulen ist die Kristallstruktur des Solarsiliziums heterogen, es liegt also nicht als reiner Einkristall vor. Man schneidet die erkaltete Siliziumschmelze in Blöcke (Bricks). Der Vorteil der polykristallinen Solarzellen: Sie sind in der Herstellung etwas preiswerter als monokristalline Zellen. Der Nachteil: Sie erreichen nicht so hohe Wirkungsgrade, nur etwa 18 % im Solarmodul. Man erkennt die zersplitterte

Montage einer solaren Aufdachanlage auf einem Schrägdach (Bürogebäude in Stuttgart). (© Stadtwerke Stuttgart/ Leif Piechowski)

Kristallstruktur in der bläulich-metallischen Färbung der Zellen und Module. Den optischen Ansprüchen der Architektur genügen sie in der Regel nicht.

TIPP Polykristalline Module verwendet man – wenn überhaupt –, wo ästhetische Kriterien keine Rolle spielen: auf Industriedächern oder in ebenerdigen Solarparks.

Deshalb geht der Trend eindeutig zu monokristallinen Solarmodulen. Sie sind leistungsfähiger und nutzen die Fläche effektiver aus, wenn das Silizium für die Wafer (Zellen) sehr rein ist. Das bedeutet, dass der Halbleiter in einer ungestörten, einheitlichen Kristallstruktur vorliegt.

Monokristallines Silizium gewinnt man, indem man langsam einen Einkristall (Ingot) aus der Siliziumschmelze zieht. Dieser Prozess erfordert Temperaturen von rund 1500 °C und dauert eine gewisse Zeit. Die Reinheit des Halbleiters schlägt sich jedoch in höheren Wirkungsgraden der Solarzellen nieder. Sie setzen mehr Sonnenlicht in elektrischen Strom um. Einzelne, monokristalline Solarzellen schaffen Wirkungsgrade von mehr als 22 %.

Monokristalline Solarzellen haben eine einheitliche tiefblaue oder schwarze Färbung. Sie erlauben homogene Flächen.

TIPP Für Solargeneratoren am Gebäude sind monokristalline Solarmodule die erste Wahl. Sie sind beinahe so preiswert wie polykristalline Module, liefern aber höhere Energieerträge – machen sich also relativ schnell bezahlt.

1.5.2 Solarmodule aus dünnen Halbleiterschichten

Neben den Solarmodulen aus kristallinen Siliziumzellen gibt es die sogenannten Dünnschichtmodule. Bei ihnen bestehen die solaraktiven Halbleiter nicht aus einzelnen Waferzellen, die zu einem Solarmodul mit Kupferbahnen verbunden werden, sondern man bringt sehr dünne Halbleiterschichten vollflächig auf die Glasplatten auf. Erst danach werden die Zellen durch Nadeln oder Lasertechnik strukturiert und mikroskopisch verschaltet.

Dünnschichtmodule aus amorphem Silizium. Die Färbung tendiert ins ockerfarbene oder rötliche.
(© Heiko Schwarzburger)

Deshalb haben Dünnschichtmodule meist mehrere hundert, mit bloßem Auge kaum unterscheidbare Zellen. Sie zeigen sehr homogene, mitunter ansprechende Oberflächen wie farbiges Glas. Weil die Halbleiterschicht nur sehr dünn ist und weil die gesamte Glasfläche durch viele kleine Zellen ausgenutzt wird, sind die Dünnschichtmodule robuster gegen teilweise Verschattung, höhere Temperaturen und Sonnenstände, die nicht senkrecht auf das Modul fallen.
Es gibt derzeit mehrere Ausprägungen von Dünnschichtmodulen:

Amorphes oder mikromorphes Silizium

Bei ihnen werden dünne Siliziumschichten auf dem Glas abgeschieden, durch Gasepitaxie und geeignete chemische Prozesse. Die Wirkungsgrade solcher Solarmodule sind relativ beschränkt, sodass sie gegenwärtig im Markt keine Rolle mehr spielen. Es gibt jedoch noch einige ältere Anlagen mit solchen Dünnschichtmodulen, mit teilweise sehr großen Gläsern. Man erkennt sie an einer vollflächigen rötlichen Sand- oder Ockerfärbung.

Diese Solarfassade wurde aus gerahmten CIGS-Solarmodulen montiert.
(© Heiko Schwarzburger)

Hier stoßen zwei Solarfassaden aus CIGS-Kassettenmodulen aneinander und bilden die Gebäudeecke.
(© Heiko Schwarzburger)

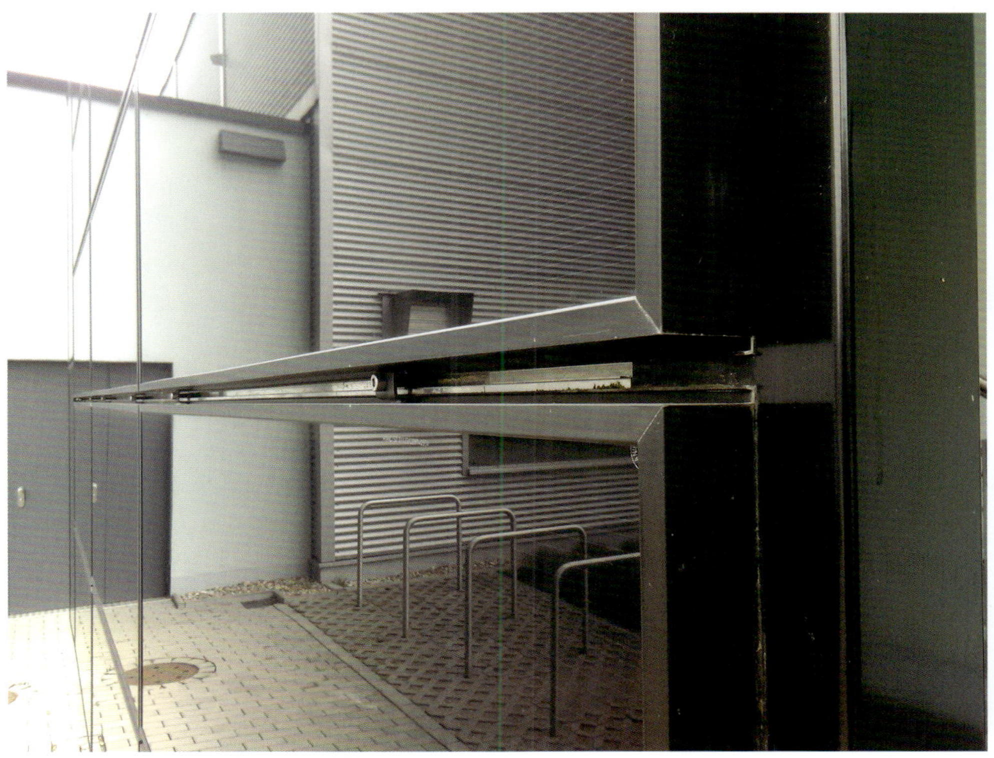

Vorgehängte CIGS-Fassade aus Kassettenmodulen.
(© Heiko Schwarzburger)

Detail der CIGS-Kassettenfassade.
(© Heiko Schwarzburger)

Kupfer-Indium-Komposite (CIS/CIGS)

Ein aussichtsreicher Halbleiter sind sehr dünne, aufgesputterte Schichten aus Kupfer, Indium, Gallium und Diselenid, die sogenannten Chalkopyrite. Man bezeichnet sie auch als CIS- oder CIGS-Module. Ihre Wirkungsgrade reichen an polykristalline Solarmodule heran und können sie überflügeln. Diese Dünnschichtmodule werden vorzugsweise für Solarfassaden eingesetzt, denn sie sind vollflächig schwarz und wirken wie homogenes Verbundglas. Sie erlauben zudem farbige Nuancen und metallische Effekte.

Cadmiumtellurid (CdTe)

Für den Kraftwerksbau werden Dünnschichtmodule aus Cadmiumtellurid verwendet, einem besonderen Halbleiter mit dem Schwermetall Cadmium. Wegen der Schwermetalle sollte man solche Solarmodule nicht am Gebäude installieren. Diese Module eignen sich sehr gut für sehr große Solarkraftwerke, weil die Herstellungskosten deutlich niedriger sind als für CIGS-Module oder kristalline Siliziummodule.

Dünnschichtmodule aus Cadmiumtellurid haben eine sehr glatte und homogene Oberfläche.
(© Heiko Schwarzburger)

Perowskite

In der Erprobung befinden sich sogenannte Perowskite-Zellen. Sie bezeichnen eine Materialklasse aus der Mineralogie, die eine ganz typische Kristallstruktur aufweist. Ein deutscher Forscher hat sie um 1840 anhand von Fundstücken aus dem Ural klassifiziert und nach seinem russischen Kollegen Lew Perowski benannt. Die Perowskite, wie sie in der Photovoltaik genutzt werden, gehören zu den Verbindungshalbleitern wie CIGS oder Cadmiumtellurid. Die ersten Solarzellen dieser Materialklasse bestanden aus Methylammoniumbleijodid, einem Hybriden aus organischem Methylammonium und Bleijodid, das anorganisch ist. Weil sie Hybride sind, unterscheiden sie sich von CIGS, das rein anorganisch ist. Mittlerweile gibt es eine ganz große Familie von solaraktiven Perowskiten, die z. B. mit Cäsiumbleijodid auch rein anorganische Materialien umfasst. Ende 2020 standen mit diesen Halbleitern noch keine ausgereiften Bauprodukte zur Verfügung.

Hier erkennt man sehr gut die zarte Struktur der organischen Solarfolien.
(© Heiko Schwarzburger)

Selbst bei der Verschaltung der organischen Zellen hat der Designer viel Spielraum.
(© Heiko Schwarzburger)

1.5.3 Gemischte Bauformen

Man kann kristalline und Dünnschichtzellen stapeln, um die Lichtausbeute zu erhöhen. Denn jeder Halbleiter absorbiert ein charakteristisches Spektrum des Lichts, also nur Teile der Sonnenenergie. Stapelt man mehrere Zellen, spricht man von Hetero-Junction-Zellen oder Stapelzellen. Ihr Wirkungsgrad ist höher als der von reinen, monokristallinen Zellen. Die Hetero-Junction-Technologie dürfte die weitere Entwicklung der Solartechnik bestimmen.

1.5.4 Organische Photovoltaik

Die wohl größte Freiheit im Design bietet die organische Photovoltaik (OPV). Die Module bestehen aus mehreren Schichten organischer Mono- oder Polymere, die auf einem Trägermaterial – meist eine flexible Folie – aufgebracht werden. Die vorgefertigten Halbleiterrohlinge werden nach den Wünschen der Kunden geschnitten und kontaktiert. Hier gibt es keinerlei Einschränkungen bis hin zur vollständigen Transparenz der Kontakte.
Organische Solarmodule werden in allen erdenklichen Farben hergestellt. Auch Semitransparenz ist möglich. Die Bandbreite der Anbieter reicht vom Glashersteller über Produzenten von Membranfolien für komplexe Dachkonstruktionen bis zu Anbietern von Bauelementen aus Beton, Faserzement, Stahl oder Aluminium. Dadurch kann der Architekt zunächst mit seinen ihm bekannten Bauelementen planen, die schon die bekannten Baunormen und Baurichtlinien erfüllen. Allerdings muss er die Verschaltung der Solarprodukte planen.
Organische Solarfolien haben ein besseres Schwachlichtverhalten als kristalline Module. Sie erzeugen auch bei bewölktem Himmel oder indirekter Sonneneinstrahlung Strom. Zudem sinkt ihre Leistung nicht bei steigenden Temperaturen.

1.6 Formate von Solarmodulen

Je nach Zahl der integrierten Solarzellen haben Solarmodule verschiedene Formate. Aufgrund der industriellen Fertigung und der Kostensenkung haben sich gewisse Standards durchgesetzt. Verallgemeinernd lässt sich sagen: Ein Solarmodul mit 60 Zellen hat etwa 1 m x 1,6 m Kantenlänge. Weist es nur ein Frontglas auf, wiegt es zwischen 15 und 20 kg, je nach Glasdicke. Glas-Glas-Module haben auch auf der Rückseite ein Glas und sind daher besonders langlebig. Sie sind schwerer, wiegen durchaus 25 kg.

Kristalline Solarmodule lassen sich in vielen Formaten herstellen, mit unterschiedlichen Zelltypen, mit Rahmen oder ohne, als leichtes Laminat oder mit Glas.
(© Heiko Schwarzburger)

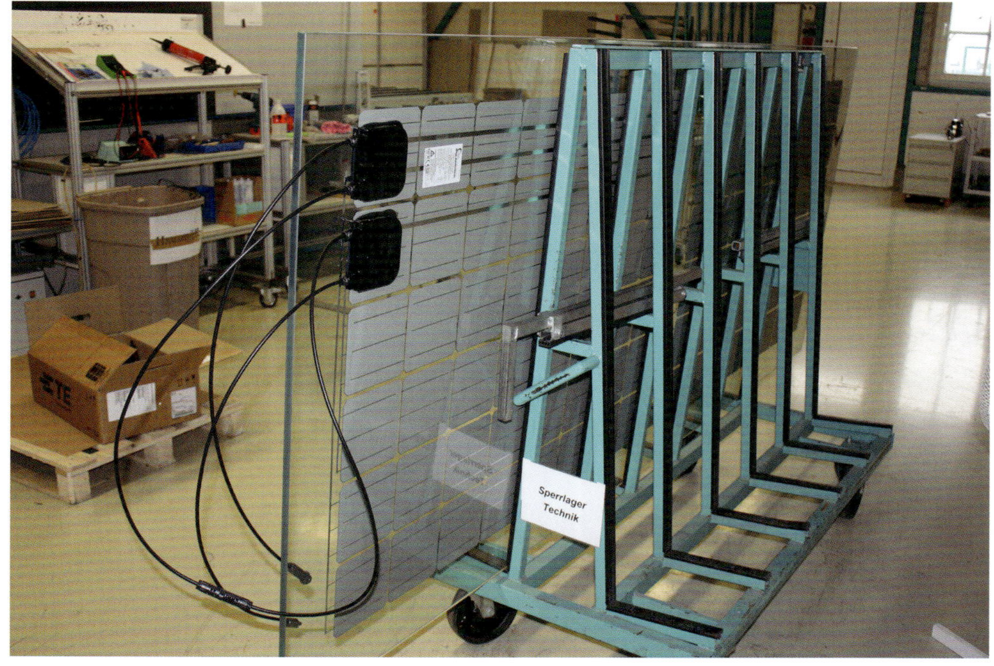

Sonderformat eines kristallinen Solarmoduls mit zwei Gläsern. Es lassen sich sehr große Module herstellen.
(© Heiko Schwarzburger)

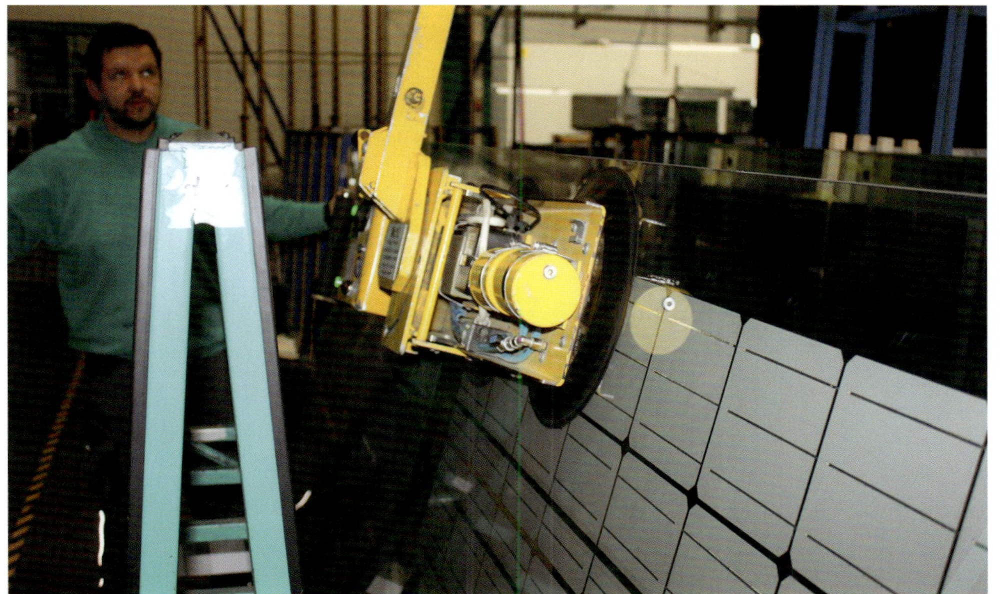

Dieses große Fassadenmodul wiegt 155 Kilogramm. Je größer und schwerer die Module sind, desto höher ist der Aufwand für den Transport zur Baustelle. *(© Heiko Schwarzburger)*

TIPP Ein Standardmodul braucht rund 1,6 m² Fläche. Bei 340 W je Modul braucht 1 kW Solarleistung eine Fläche von überschlägig 5 m².

Sonderformate speziell für solare Fassaden sind heute eigentlich nur durch den Transportaufwand begrenzt: je größer, desto höher der Aufwand. Bei ihnen lassen sich die Transparenz, Farbe und die Lage der Anschlusspunkte frei wählen. In der Regel sind es Glas-Glas-Module, die mehrere Quadratmeter messen und bis zu 200 kg oder mehr wiegen. Nimmt man übliches Verbundsicherheitsglas (VSG) als Maßstab, sind solche Maße und Gewichte am Gebäude kein Problem und beherrschbar – wenn die Gebäudekonstruktion ausreichend statische Reserven aufweist.
Auch dreieckige oder andere Geometrien sind bei speziellen Anbietern produzierbar. Die Freiheit der Formen hängt unter anderem davon ab, ob kristalline Waferzellen oder Dünnschichttechnik zum Einsatz kommen.

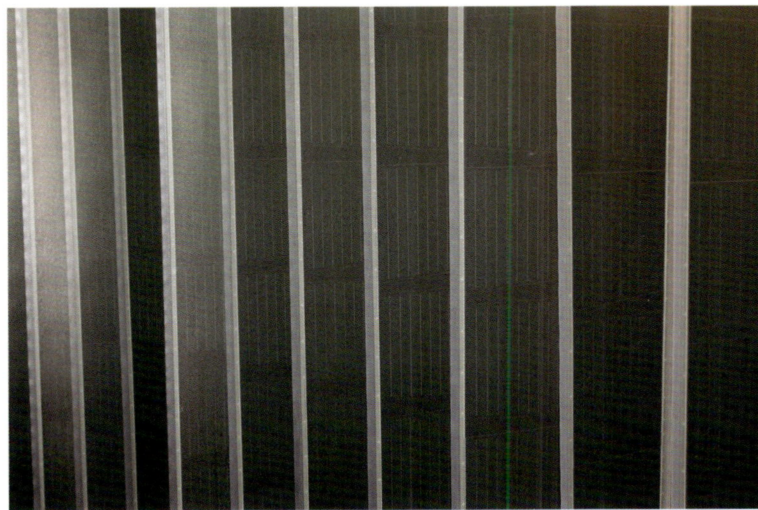

Sonnenschutz mit solaraktiven Lamellen aus organischen Folien. *(© Heiko Schwarzburger)*

Ungerahmte Solarmodule für Fassaden, bestehend aus CIGS-Dünnschichtzellen. *(© Heiko Schwarzburger)*

Monokristallines Solarmodul mit schwarzer Rückseitenfolie und hauchfeinen Drähten zur Kontaktierung. Die einzelnen Zellen sind fast nicht mehr erkennbar. Hier: REC Alpha Series.
(© REC Group)

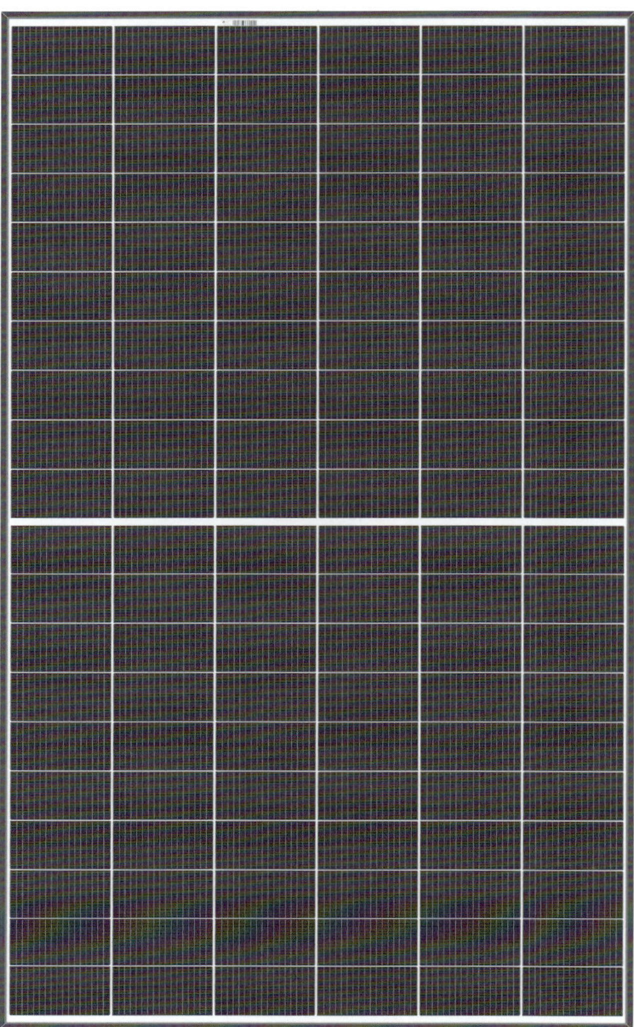

Dieses kristalline Solarmodul hat eine weiße Rückseitenfolie, deshalb sind die Zellen noch gut strukturiert zu erkennen. Hier: REC Alpha Series.
(© REC Group)

1.7 Elektrischer Anschluss von Solargeneratoren

Wie erläutert geben photovoltaische Generatoren stets eine Gleichspannung ab, es fließt ein Gleichstrom. Um den Gleichstrom (DC) in netzkonformen Wechselstrom (AC) mit 50 Hertz Netzfrequenz zu wandeln, brauchen sie einen oder mehrere Solarwechselrichter, auch Stringwechselrichter, Umrichter oder Inverter genannt.
Der Wechselrichter kann einen oder mehrere Stränge aus Solarmodulen aufnehmen. Sehr kleine Wechselrichter bis 4,6 kW Nennleistung (AC) werden einphasig angeschlossen, mit 230 V AC, meist nur mit einem Solarmodulstring.

Größere Leistungen sind dreiphasig anzuschließen (400 V AC). Bei Eigenheimen und Mehrfamilienhäusern in Deutschland erfolgt der Anschluss in der Regel dreiphasig.

Der Wechselrichter wandelt nicht nur den Gleichstrom aus den Solarmodulen. Er kann den Solarstrom an einen Energiemanager abgeben, der ihn je nach Bedarf an die elektrischen Verbraucher im Haus schickt. Manche Wechselrichter haben freie Relaiskontakte, um große elektrische Verbraucher direkt anzusteuern (E-Ladestation, Waschmaschine, Trockner, Heizstab für Warmwasser).

Der Wechselrichter übergibt überschüssigen Sonnenstrom entweder an eine Speicherbatterie, die DC-seitig oder AC-seitig angebunden werden kann. Oder er schickt ihn ins Stromnetz, dafür bekommt der Anlagenbetreiber eine Vergütung bzw. einen Preis vom Netzbetreiber.

Gemäß den elektrischen Normen und Vorgaben ist der Wechselrichter gegen Überspannungen und Blitze abzusichern – wie übrigens der gesamte Solargenerator.

Alle Anbieter von Wechselrichtern bieten Monitoringsysteme an. Sie erlauben es, die Photovoltaikanlagen über das Internet aus der Ferne zu überwachen. Dann fallen Fehler und Verschleiß frühzeitig auf, das mindert Schäden und Ertragsverluste.

Der Wechselrichter steuert zudem die Umschaltung des Anlagenbetriebs auf ein Inselsystem, falls das Stromnetz ausfällt. Man spricht von Notstrom. Dazu braucht er jedoch eine Energiereserve in Form einer ausreichend großen Speicherbatterie. Solarwechselrichter ohne Batterie schalten die Photovoltaikanlage ab, wenn das Stromnetz ausfällt oder die Netzfrequenz einen zulässigen Korridor verlässt.

Rückseitiger Anschluss eines Solarmoduls aus amorphem Silizium. Sehr gut erkennt man die feine Nadelstreifenstruktur der Zellen.
(© Heiko Schwarzburger)

TIPP Mit der Solartechnik werden die Flächen energetisch nutzbar. Klassische Funktionen der Gebäudehülle – Schutz gegen Witterung, Wärmedämmung, Tageslichteintrag und Klimatisierung – werden durch die Erzeugung von sauberem und preiswertem Sonnenstrom ergänzt. Das Gebäude wandelt sich zum Generator.

Elektrischer Anschluss von organischen Solarfolien.
(© Heiko Schwarzburger)

Sicherungen für die Modulstrings einer CIGS-Solarfassade, gut zugänglich auf der Rückseite.
(© Heiko Schwarzburger)

Anschlussdosen an großformatigen semitransparenten Doppelglasmodulen für die Fassadenintegration.
(© Heiko Schwarzburger)

Anschlussbox mit Verkabelung an CIGS-Fassadenmodulen der neuen Generation.
(© Heiko Schwarzburger)

1.8 Anschluss ans Hausnetz und das Stromnetz

Photovoltaikanlagen werden meist an das Stromnetz angeschlossen, um Überschüsse aus der Solaranlage ins Netz einzuspeisen. Die Wechselrichter synchronisieren den solaren Strom mit der Netzfrequenz.

Der Anschluss erfolgt bei Wohngebäuden in der Regel am Hauszähler, also im Keller oder im Haustechnikraum. Er braucht Sicherungen gegen Überspannungen sowie den NA-Schutz, der seit 2012 für alle dezentralen Stromerzeuger vorgeschrieben ist, auch für Brennstoffzellen oder BHKW (VDE-AR-N 4105, zuletzt überarbeitet im Herbst 2018).

Der NA-Schutz stabilisiert das Netz, in dem er bei unzulässigen Schwankungen von Netzspannung oder Netzfrequenz den dezentralen Generator abschaltet. Auch Speicherbatterien am Netz müssen in den NA-Schutz eingebunden werden.

Bei Photovoltaiksystemen unter 30 kW ist der NA-Schutz bzw. die Netzstabilisierung gemäß VDE-AR-N 4105 in die Wechselrichter integriert.

Solarwechselrichter in einem Bürogebäude. Sie setzen den Gleichstrom aus den Solarmodulen auf dem Dach und an der Fassade in nutzbaren Wechselstrom um.
(© Stadtwerke Stuttgart/ Leif Piechowski)

Installation eines leistungsstarken Stromspeichers in einer Gewerbeimmobilie.
(© Heiko Schwarzburger)

Montage des Zählerschranks, der Zähler und des Hausanschlusses einer gewerblichen Photovoltaikanlage.
(© Heiko Schwarzburger)

Solarwechselrichter der Eigenverbrauchsanlage eines Autohauses bei Köln.
(© Heiko Schwarzburger)

Verschiedene Wechselrichter für den Anschluss einer größeren Solaranlage für ein Mehrfamilienhaus mit Stromspeicher.
(© Heiko Schwarzburger)

Zählertafel für die Photovoltaik, das BHKW, Stromspeicher und den Hausanschluss.
(© Heiko Schwarzburger)

Nur bei größeren Solargeneratoren kann es sein, dass der Netzbetreiber den Netzanschlusspunkt beispielsweise einem Transformator zuweist. Dann sind zusätzliche Kabelstrecken erforderlich. Der Netzanschluss erfolgt stets über einen Einspeisezähler für den Sonnenstrom.

TIPP Der Netzanschluss dezentraler Generatoren ist dem Fachinstallateur aus dem Elektrohandwerk vorbehalten. Das gilt auch für Speicherbatterien oder Ladetechnik für E-Autos. Schließen Laien eine Photovoltaikanlage an, machen sie sich strafbar und haften für alle Folgekosten.

Versicherungen setzen die fachgerechte Installation und Inbetriebnahme durch einen Fachhandwerker voraus, um bei Schäden in die Haftung einzutreten. Auch die Gewährleistungen und Garantien der Hersteller von Photovoltaikkomponenten werden nur bei fachlich korrekter Installation und Inbetriebnahme wirksam.

Die Solarsiedlung in Freiburg war eines der ersten Großprojekte der bauwerkintegrierten Photovoltaik und der neuen Energiewelt. Die Plusenergie-Holzhäuser – entworfen von Rolf Disch – haben eine wärmegedämmte Gebäudehülle und eine solare Dachhaut. Im Hintergrund ist das sogenannte Sonnenschiff zu sehen – ein Gewerbegebäude, das ebenfalls zur Siedlung gehört.
(© Rolf Disch SolarArchitektur, Freiburg)

2

Wirtschaftlichkeit solarer Architektur

Flächen der Gebäudehülle zur Erzeugung von sauberem Strom zu nutzen, verändert die Kalkulation eines Gebäudes. Dächer und Fassaden sind mithilfe der Photovoltaik in der Lage, Erträge zu generieren – Energieerträge und monetäre Erträge. Deshalb wird es nun möglich, von Amortisation zu sprechen. Denn die Einnahmen aus der Stromerzeugung stehen gegen die Ausgaben für die Konstruktion der Gebäudehülle und die Mehrkosten für die Solartechnik.

Stand Ende 2020 beliefen sich die Mehrkosten für eine solare Gebäudehülle im Vergleich zur konventionellen Bauweise auf 30 bis 50 % der Kosten für Fassade und Dach. Das ergab eine Untersuchung, die das Schweizer Planungsbüro für Solarfassaden CR Energie im Auftrag des Schweizer Bundesamtes für Energie (BFE) und Energie Schweiz durchgeführt hat. In Deutschland und Österreich dürften die Kosten niedriger liegen, weil die Baukosten generell niedriger sind als in der Schweiz.

TIPP Die Wirtschaftlichkeit hängt von den Mehrkosten für die Solartechnik ab, die mit dem erzeugten Strom verrechnet werden.

CR Energie hat an fünf Referenzgebäuden untersucht, welche Mehrkosten die Integration der Photovoltaik im Vergleich zur konventionellen Gebäudehülle verursacht hat. Dabei wurde die gesamte Investition betrachtet. So flossen nicht nur die Kosten für die Aufhängung und das Fassadenmaterial ein, die ohnehin angefallen wären, sondern auch ein eventuell höherer Preis für die Solarmodule im Vergleich zum passiven Fassadenmaterial sowie Zusatzkosten, die durch die Photovoltaik verursacht werden.

Sie reichen von der Verkabelung der Solarmodule über die Leistungselektronik bis zum Anschluss der Anlagen an die Gebäudeversorgung. Gestalterische Aspekte führen hingegen nicht zu einer zusätzlichen Investition. Die Fassade müsste auch ohne Photovoltaik ansprechend gestaltet werden.

Ein Beispiel: Bei der Untersuchung der Integration monokristalliner Solarmodule in das Dach eines Mehrfamilienhauses zeigte sich, dass die Solartechnik 990 CHF/m^2 kostete. Die alternative Eindeckung mit Faserzementschiefer hätte 586 CHF/m^2 gekostet. Damit liegen die Mehrkosten für die Solarmodule als Ziegelersatz bei 404 CHF, sprich: 41 %. Mit 45 % sind die Mehrkosten für eine Solarfassade aus Glas-Glas-Modulen im Vergleich zu einer herkömmlichen Glasfassade ähnlich hoch.

Selbst wenn maßgefertigte farbige Solarmodule in die Fassade eingesetzt werden, bleiben die Mehrkosten für die Photovoltaik im Vergleich zur Faserzementschieferfassade weit unter 50 %. Beim hier betrachteten Neubau lagen die Mehrkosten für die Spezialanfertigungen mit 42 % sogar noch niedriger als bei der Fassade mit Standardmodulen. Wichtig hierbei ist, dass die Mehrkosten immer mit Bezug auf die Fläche und nicht auf die Leistung der Solarmodule berechnet werden.

Das klingt zunächst viel. Doch CR Energie hat die Wirtschaftlichkeit bewertet. Sie bezieht den Stromertrag aus der Solarfassade ein. Diese Wirtschaftlichkeit hängt unter anderem vom Verbrauch des Solarstroms vor Ort ab. Je höher er ist, desto stärker sinken die Betriebskosten des Gebäudes.

TIPP Über die Kosten für den Bau oder die Sanierung hinaus sind unbedingt die Betriebskosten für die Lebenszeit der Gebäude zu betrachten.

Auf diese Weise steigt die Eigenkapitalrendite gegenüber der konventionellen Gebäudehülle – die keine Einnahmen erwirtschaftet (außer bei Vermietung des Gebäudes). Deshalb erwirtschaftet die inaktive Hülle nur über die Abschreibung eine Rendite, während

Das Zentrum für Sonnenenergie und Wasserstoff-Forschung Baden-Württemberg hat die Zusatzkosten für die Solarfassade an ihrem neuen Domizil in Stuttgart genau berechnet. Die Forscher zeigen, was hier alles mit einfließen muss.
(© ZSW www.zsw-bw.de)

bei der Solaranlage der Stromertrag hinzukommt. Die Rendite liegt bei einer Integration von Solarmodulen im Sanierungsfall zwischen 1 und 4 %. Bei der Integration der Solaranlage in einen Neubau liegt die Eigenkapitalrendite zwischen 2 und 8 %.
Die inaktive Fassade erwirtschaftet eine Eigenkapitalrendite von etwa 5 %. Bei der Dachsanierung liegt sie bei unter 1 % und wird ohne Steuerabzüge sogar negativ.
Die Wirtschaftlichkeit hängt aber noch von weiteren Faktoren ab. So sollte die Solarfassade von Anfang an in der Planung berücksichtigt werden. Entscheidend sind zudem möglichst niedrige Unterhaltskosten für die integrierte Solaranlage. Deshalb ist es wichtig, langlebige Systeme zu verwenden. Auf diese Weise lassen sich die Mehrkosten für die aktive Gebäudehülle auf 30 bis 50 % begrenzen, die sich aber durch den Stromertrag innerhalb weniger Jahre amortisieren.

TIPP Solaraktive Dächer und Fassaden sind ein wirtschaftliches Gebot. Die Systempreise für die integrierte Photovoltaik sind so weit gesunken, dass sie die Rendite und den Wert einer Immobilie erhöht und die Betriebskosten nachhaltig senkt.

2.1 Aktive Gebäudehülle liefert sauberen Strom

In die Wirtschaftlichkeitsbetrachtungen sind Sondereffekte, die sich beispielsweise aus der Bepreisung von Kohlendioxid ergeben, noch nicht inbegriffen. Das ist Zukunftsmusik. Fakt und Realität sind bereits, dass großflächige Dächer und Fassaden die energetischen Kosten eines Gebäudes deutlich zu drücken vermögen.
Damit erhält Fläche generell einen neuen Wert, die sie am Bau bislang nicht hatte. Weil die Kosten für photovoltaische Systeme weiter sinken, sinken auch die Mehrkosten für

Solarelemente und ihre Integration. Es ist abzusehen, dass die Photovoltaik eine selbstverständliche Funktion der Gebäudehülle wird.

TIPP Flächen an der Gebäudehülle – Fassaden und Dächer – erhalten durch die solare Nutzung einen Wert, den sie bislang nicht hatten. Denn Fläche bedeutet Energie, bedeutet elektrischen Strom zu sehr attraktiven Preisen.

Zunehmend schreiben die Baubehörden vor, dass solare Systeme zu nutzen sind – zunächst im Neubau, aber auch in der Sanierung. „Mit der Sonne bauen" ist den Architekten

Die Seestadt Aspern im Osten von Wien zeigt, wie vernetzte Quartiere, möglichst versorgt mit vor Ort produziertem Strom, die Zukunft der Stadtplanung sind. *(© Stadt Wien/Christian Fürthner)*

Der Neubau des Quartiers in Tobel in der Schweiz ist ein Beispiel, wie die Stadtgestaltung der Zukunft aussehen kann – und muss. *(© Giuseppe Fent AG Architektur im Klimawandel)*

bereits über Themen wie transparente Flächen am Gebäude (solare Gewinne), Sonnenschutz oder die Wärmeschutzvorschriften bekannt. Nun werden Fassaden und Dächer aktiviert. Neben die Preise für den Quadratmeter Dachfläche oder den Quadratmeter Fassadenelemente tritt der Ertrag in Kilowattstunden je Quadratmeter.
Gebäude, die aufgrund großzügiger Flächen mehr Energie erzeugen als sie intern verbrauchen, können ihre Überschüsse sogar in den Stromhandel bringen und beispielsweise in die Nachbarschaft verkaufen.
So sehen Stadtplaner Quartiere mit untereinander vernetzten Gebäuden, die sich gegenseitig mit Energie versorgen, als Zukunft der Gestaltung des urbanen Raums.
Ganz wesentlich ist die Tatsache, dass durch Sonnenstrom die Mobilität zur neuen Funktion des Gebäudes wird – in Form einer Wallbox oder einer Ladesäule. Das erhöht den Wert einer Immobilie beträchtlich.

TIPP Gebäude und Stadtquartiere werden zu Energieinseln, die sich selbst und untereinander versorgen.

Ob es sich wirtschaftlich lohnt, ein Gebäude völlig autark zu bauen, steht auf einem anderen Blatt. Doch eine intelligent vernetzte Solarsiedlung kann hier ein großer Schritt in Richtung Zukunft sein.
Sicher ist es auch ökonomisch – und ökologisch – sinnvoll, das vorhandene Stromnetz als Superbatterie zu nutzen. Es springt an kalten und dunklen Wintertagen ein, wenn die Sonnenkraft zur Gebäudeversorgung nicht mehr ausreicht. Dann ergänzt beispielsweise Windstrom die Versorgung.
Mithilfe von gasgetriebenen Blockheizkraftwerken oder Brennstoffzellen ist das autarke, netzferne Gebäude technisch machbar. Solche Lösungen sind im Einzelfall durchzurechnen, um zu entscheiden, ob sie sinnvoll sind.

TIPP Mit Sonnenstrom werden autarke Gebäude und Quartiere – sich selbst versorgende Energieinseln – möglich. Ob sie ökonomisch sinnvoll sind, ist im Einzelfall zu berechnen und zu entscheiden. Das Stromnetz bietet sich zum Beispiel für den Strombedarf im Winter als Superbatterie an.

2.2 Energetische Standards von Gebäuden

2.2.1 Gebäudeenergiegesetz

Im Sommer 2020 wurde die Energieeinsparverordnung (EnEV) durch das neue Gebäudeenergiegesetz (GEG) ersetzt. Schon der Name zeigt an, welcher Systemwechsel sich dahinter verbirgt: Gebäude sind fortan nicht mehr nur Energieverbraucher, sondern sie erzeugen ihre Energie weitgehend selbst. Das entspricht den Vorgaben der Europäischen Union, beispielsweise im Winterpaket und in der Gebäuderichtlinie.
Das GEG schreibt den Einsatz erneuerbarer Energien wie Photovoltaik zur Versorgung mit Wärme und Kälte vor. Deshalb wird Solarstrom bei der Ermittlung des jährlichen Primärenergiebedarfs angerechnet – und zwar unabhängig, ob der Solargenerator in die

Gebäudehülle integriert wird. Auch Aufdachsysteme oder vorgehängte Fassadenelemente gehen in die Berechnung ein.
Das GEG legt die Regeln für Neubauten fest und führt die bisherigen Regelungen aus verschiedenen Gesetzen zusammen: die Energieeinsparverordnung (EnEV), das Energieeinspargesetz und das Erneuerbare-Energien-Wärmegesetz (EEWärmeG). Es setzt die Gebäudeenergierichtlinie der Europäischen Union in deutsches Recht um, die den Niedrigstenergiestandard für Neubauten vorschreibt.
So wurden die Vorgaben aus dem EEWärmeG übernommen, was den Einsatz von erneuerbaren Energien zur Erfüllung der Effizienzvorgaben betrifft. Sie wurden um die Option erweitert, dass die Bauherren diese Vorgaben nunmehr auch mit Photovoltaik und Brennstoffzellen erfüllen können. Wärme und Kälte im Gebäude müssen anteilig mit erneuerbaren Energien gedeckt werden.
Diese Vorgabe gilt als erfüllt, wenn pro m² Nutzfläche mindestens 0,02 kW Photovoltaik installiert werden. Voraussetzung ist, dass der Solarstrom größtenteils direkt vor Ort genutzt wird.

TIPP Für Deutschland ist im Gebäudeenergiegesetz geregelt: Eine Photovoltaikanlage senkt den Primärenergiebedarf des Gebäudes um 150 kWh/kW installierter Solarleistung und Jahr, wenn kein Stromspeicher integriert wird. Mit Speicher werden 200 kWh/kW Solarleistung angerechnet.

Hinzu kommt, dass ab 0,02 kW pro m² Gebäudenutzfläche das 0,7-Fache des jährlichen Endenergiebedarfs angerechnet werden kann – allerdings maximal bis 20 % des jährlichen Primärenergiebedarfs. Mit einem Stromspeicher steigt dieses zulässige Maximum für die Anrechnung auf 25 %.
Ähnliche Regelungen gelten für Nichtwohngebäude. Allerdings wird hier schon mit 0,01 kW Solarleistung pro m² Nutzfläche das 0,7-Fache des Energiebedarfs der Anlagentechnik angerechnet.
Mit einem leistungsfähigen Stromspeicher kann der Architekt sogar den gesamten Energieverbrauch der Anlagentechnik – nicht nur rechnerisch – mit Photovoltaik abdecken.

TIPP Mit ausreichend Solarflächen am Gebäude wird es für Architekten und ihre Planungsteams sehr einfach, die strengen Vorgaben des GEG zu erfüllen.

2.2.2 Baurecht der Länder

Das Baurecht der Länder ist in den Landesbauordnungen geregelt. Hinzu kommen Vorschriften zum Denkmalschutz, die für Architekten und Investoren gelten. Immer mehr Länder und Kommunen gehen dazu über, eine spezielle Baupflicht für solare Gebäude zu erlassen. Die in den verschiedenen Städten und Regionen geltenden Pflichten sind über die Architektenkammern verfügbar und fließen in die Weiterbildung ein. Wie oben erläutert, hilft die Photovoltaik den Architektinnen und Architekten, ihre Aufgaben für gesunde, ästhetische und ökonomische Gebäude zu erfüllen.

2.2.3 Kreditanstalt für Wiederaufbau

Die Kreditanstalt für Wiederaufbau (KfW) ist einer der wichtigsten Finanziers von Neubauten und Sanierungen in Deutschland, zumindest im Segment der Wohngebäude. Sie legt sehr strenge Maßstäbe an den Energieverbrauch von Gebäuden an. Sehr sparsame und weitgehend autark versorgte Gebäude erhalten besonders lukrative Konditionen in der Finanzierung.

TIPP Bei der Kreditierung von Gebäuden zahlt sich Photovoltaik besonders aus: Weitgehend saubere und autarke Gebäude profitieren am Finanzmarkt von besonders günstigen Konditionen.

Außerdem fördert die KfW im Auftrag des Bundes neue Technologien wie beispielsweise die Brennstoffzellen für die Versorgung von Gebäuden (KfW-Programm 433). Aktuelle Förderprogramme finden Sie auf deren Website: www.kfw.de

2.2.4 Forderungen aus der Wirtschaft

Immer mehr Unternehmen erkennen, dass sie mit Photovoltaik ihre Energiekosten deutlich senken können. Das imprägniert sie gegen den globalen Wettbewerb. Eigenstromversorgung durch erneuerbare Energie am Gebäude ist nicht nur aus ökologischen Gründen unverzichtbar. Es ist zudem wirtschaftlich die beste Lösung.
Deshalb fordern der Bundesverband der mittelständischen Wirtschaft und der Verband kommunaler Unternehmen, die erneuerbaren Energien zügig auszubauen. Große globale Player wie Google, Apple, Facebook, Amazon oder Tesla stellen ihre Energieversorgung auf hundert Prozent erneuerbare Energien um. Und zwingen ihre Zulieferer, es ihnen gleichzutun. Auf diese Weise wird die solaraktive Gebäudehülle auch bei Gewerbebauten künftig zum Standard.

Auch der Hersteller von Baumaterialien Swiss Krono senkt mit dem Strom aus der Fassade seines neuen Büro- und Verwaltungsgebäudes seine Energiekosten. Denn der Solarstrom wird in der Produktion verbraucht. Geplant und errichtet wurde die Solarfassade von Clevergie. Die semitransparenten Solarmodule für die Fassade hat der Schweizer Hersteller Meyer Burger geliefert. (© Meyer Burger)

2.3 Leistung vs. Fläche

Die Photovoltaik wurde vor 40 Jahren aus der Siliziumtechnik geboren. Ihre frühe Entwicklung trieben Chemiker, Physiker, Energietechniker und Elektrotechniker voran. Diese Leute agieren mit Termini wie Kilowatt (kW), Kilowattstunde (kWh) oder Wirkungsgrad (in %).

Architekten hingegen denken in Metern und Quadratmetern, in Kilogramm und Euro. Um die solare Nutzung der Gebäudehülle abzuschätzen, ist es sinnvoll, die elektrotechnischen und physikalischen Eigenschaften in Flächenmaße umzurechnen.

Geht man davon aus, dass ein 60-Zellen-Solarmodul (340 W) rund 1,6 m^2 Fläche hat, braucht das kW rund 5 m^2. An die Südfassade einer Lagerhalle mit 70 m Länge und 30 m Höhe passen demnach rund 420 kW Solarleistung – abzüglich der transparenten Flächen, der Tore und technischer Öffnungen.

TIPP Beispiel: Eine Lagerhalle mit 70 m Länge und 30 m Höhe bietet ausreichend Fassadenfläche für rund 420 kW Solarleistung.

Ebenso kann man die Kilowattpreise der Photovoltaiksysteme auf Quadratmeterpreise umrechnen. Das ist vor allem an Fassaden sinnvoll, wo die Preise für VSG gewöhnlich auch in Quadratmetern angegeben werden.

Ende 2020 lagen die Preise für solaraktive Elemente für Fassaden noch über den Preisen für passive Elemente, doch die Lücke schließt sich immer mehr. Schon 2021 werden PV-Fassadenelemente erwartet, die mit klassischen Glaselementen konkurrieren können. Hinzu kommt, dass – wie oben beschrieben – nur die Mehrkosten in die Kostenkalkulation einfließen: die Mehrkosten für die Solarmodule im Vergleich zum konventionellen Fassadenelement und die Mehrkosten für die Verschaltung der Solarmodule inklusive des Netzanschlusses.

Zudem muss der Architekt die Betriebskosten des Gebäudes im Blick behalten. Eine solaraktive Gebäudehülle ist eine wirtschaftliche Lösung. Anders als die passive Gebäudehülle erzeugt sie preiswerten und sauberen Strom, der in die Kalkulation einzubeziehen ist.

Je nachdem, ob die Solarelemente in die Fassade oder ins Dach integriert sind, liefern sie unterschiedliche Stromerträge. Die Art der Integration hängt nicht nur vom Flächenangebot ab. Vielmehr sollte die geplante Nutzung des Gebäudes einbezogen werden.

2.4 Stromerträge aus der Fassade

Speziell die Solarfassade bietet einige Chancen, die Vorteile von Sonnenstrom zu nutzen. Zunächst einmal gilt: Anders als die meisten Dächer ist die Fassade sichtbar, sie wirkt optisch. Durch farbige Module oder organische Solarelemente sind der Freiheit in der Gestaltung kaum mehr Grenzen gesetzt.

Außerdem werden Solarelemente an der Fassade in der Regel senkrecht angebracht. Ausnahmen sind steuerbare Solarelemente zur teilweisen Verschattung von Fenstern, die als Sonnenschutz fungieren. Aus diesem Grund sind sie nicht optimal gegen die Sonne ausgerichtet wie auf einem Dach.

Die Elektrizitätswerke des Kantons Zürich haben mit dieser Installation auf der Totalp getestet, welchen Mehrertrag die Lichtreflexion durch den Schnee bei unterschiedlich ausgerichteten Modulen bringt. Das Ergebnis: Vertikal installierte Module wie in der Solarfassade bringen den größten Mehrwert im Winter.
(Fotos: EKZ/Samuel Trümpy)

Perfekte Bedingungen für kristalline Solarmodule in der Fassade oder am Balkon: Ein kalter klarer Wintertag mit viel Schnee.
(© Solarterrassen & Carportwerk GmbH, www.solarcarporte.de)

TIPP Faustregel: Solarmodule an der Fassade liefern rund 70 % bis 75 % der Energieerträge wie optimal ausgerichtete Solarmodule auf dem Dach oder auf dem Freiland. Setzt man bei optimal ausgerichteten Systemen zwischen 800 und 1.000 kWh/kW Nennleistung an, liefert die Fassade zwischen 600 und 800 kWh je kW.

Senkrecht installierte Solarmodule weisen bei tiefen Sonnenständen höhere Solarerträge auf als Solarmodule auf dem Dach oder in der wasserführenden Schicht des Daches. So liefert die Solarfassade im Winter einen beträchtlichen Stromertrag – vorausgesetzt, die Sonne scheint. In Österreich und der Schweiz wird der Effekt durch die Reflexion des kalten Sonnenlichts auf dem Schnee (Albedo-Effekt) verstärkt. So kann es passieren, dass eine Solarfassade an einem prächtigen, klaren, eisigen Wintertag mehr Solarstrom liefert als im Sommer. Denn die hohen Außentemperaturen im Sommer heizen die Solarmodule auf. Ihr innerer elektrischer Widerstand wächst, ihr Wirkungsgrad sinkt.

Das Technische Rathaus in Freiburg – entworfen von Ingenhoven Architects, Düsseldorf – ist in sonnenexponierten Bereichen der Fassade mit einer Photovoltaikanlage versehen, welche durchschnittlich rund 62 % des Eigenstrombedarfs deckt.
(© ingenhoven architects/HGEsch)

Deshalb ist es immer von Vorteil, einen für die regionalen Bedingungen des Gebäudes versierten Solarplaner hinzuzuziehen. Er kennt sowohl die solaren Einstrahlungsverhältnisse sehr gut, als auch besonders kritische Anforderungen durch hohe Schneelasten oder Stürme.

Obendrein bieten Solarfassaden interessante Möglichkeiten, die dahinterliegenden Räume durch semitransparente Solarmodule gezielt abzuschatten. Auch wandernde Solarfassaden, die dem Lauf der Sonne von Ost nach West folgen, sind möglich. Am neuen Technischen Rathaus von Freiburg im Breisgau wandert die Solarfassade zwar nicht mit dem Sonnenstand, dennoch werden die betroffenen Büroräume je nach Tageszeit gezielt beschattet. Eine ähnliche Solarfassade wurde am Science Tower in Graz errichtet. Dort bewegt sich ein Sonnenschutz aus Energiegläsern mit organischer Photovoltaik mit dem Lauf der Sonne um den Turm.

Nachteilig bei Solarfassaden sind unerwünschte Blendeffekte durch die Sonne. Das Phänomen ist jedoch keine Neuheit der Photovoltaik, sondern bereits von großen oder anspruchsvoll geformten Glasfassaden bekannt.

2.5 Keine Verluste durch Dachintegration

2.5.1 Integration ins Dach

Unter der Dachintegration von Solarmodulen versteht man den Ersatz der klassischen Eindeckung durch solare Systeme. Bei Aufdachanlagen werden die Solarmodule auf das komplett eingedeckte Dach montiert, entweder aufgestellt gegen die Sonne auf einem Flachdach oder dachparallel auf dem Schrägdach. Bei integrierten Systemen bilden die Solarmodule die wasserführende Schicht, auf separate Eindeckung kann man verzichten. Dachintegrierte Solarsysteme haben dieselben Solarerträge wie dachparallele Aufdachsysteme am Schrägdach. Allerdings benötigt man spezielle Montageraster, um dem Solardach ein regendichtes Traggerüst zu geben. Im Gegenzug fällt die unter Umständen

Solarfassade wird zur Sonnenuhr: In der Sonderkonstruktion an der Fassade des neuen Science Tower in Graz sind Farbsolarzellen integriert. Die gesamte Anlage folgt dem Sonnenlauf während eines Tages. Entworfen hat das Gebäude der Grazer Architekt Markus Pernthaler.
(© Science Tower GmbH)

kostspielige Eindeckung mit Dachziegeln weg. In der Regel lassen sich Indachsysteme problemlos auf die übliche Lattung von Schrägdächern aufbringen, sodass sie auch in der Dachsanierung interessant sein können.

TIPP Geringe Lastreserven im Dach erlauben oft Indachsolarsysteme, die wirtschaftlich sind.

Vor allem im Bestand bei geringen Lastreserven der Dachkonstruktion bietet das Indachsystem oft die einzige Möglichkeit, ein Solardach zu realisieren. Dann muss die Dachkonstruktion nur das Gewicht der Solarmodule tragen, die bezogen auf den Quadratmeter oft nicht schwerer sind als konventionelle Dachziegel.

Bei der Installation der Anlagen auf dem Dach des Rathauses Stuttgart waren die Planer mit einer geringen Lastreserve des Dachstuhls konfrontiert. Deshalb war hier die einzige Lösung, einen Teil der Dachziegel durch Solarmodule auszutauschen.
Rathaus Stuttgart, Bauherr Landeshauptstadt Stuttgart.
(© Ernst Schweizer AG)

Dadurch können Indachsysteme sogar wirtschaftlicher sein, auch wenn der Montageaufwand etwas höher ist (siehe Abschnitt 4.1.2) als bei herkömmlichen Aufdachanlagen. Denn die aufwendige Sanierung des Dachstuhls und der Dachkonstruktion entfällt.
Solare Indachsysteme wirken unscheinbar, sie lassen die Solarmodule optisch in der Dachhaut verschwinden. Solche Systeme sind auch bei anspruchsvollen Auflagen des Denkmalschutzes verwendbar, ebenso die solaren Dachziegel und Dachsteine. Sie lassen sich meist problemlos mit klassischer Eindeckung kombinieren, um eine einheitliche Dachoptik zu erzielen.

2.5.2 Überkopfverglasungen

Eine weitere Möglichkeit sind solare Überkopfverglasungen, etwa für Carports, Terrassen oder Wintergärten. Für sie gelten dieselben Auslegungsregeln wie für Elemente aus Verbundsicherheitsglas. Solche Überkopfmodule lassen sich in ihrer Transparenz variieren. Meist sind es Glas-Glas-Module, die Strom erzeugen und das Sonnenlicht zumindest teilweise passieren lassen. Auf diese Weise werden die Räume unter den Solarmodulen mit Tageslicht versorgt.

TIPP Transparenz und Solarleistung gehen einen Kompromiss ein: Je mehr Licht durchgelassen wird, desto geringer ist der Stromertrag der Fläche.

Allerdings sinkt die Leistung der Solarmodule mit steigender Transparenz. Das leuchtet ein: Je mehr Licht durch die Module dringt, desto weniger Solarzellen können zwischen die beiden Modulgläser laminiert werden. Denn das Tageslicht passiert die Module durch die Abstände zwischen den Solarzellen.
Je größer diese Abstände sind, desto geringer ist die Leistung des Solarmoduls und somit sein Stromertrag. Der Planer muss zwischen den gestalterischen Anforderungen und der Wirtschaftlichkeit der Überkopfverglasung abwägen.

Transparente Module von Ertex Solar sorgen für Tageslicht in den Räumen dahinter oder darunter. Hier hat der Modulhersteller zusätzlich dazu noch riesige Paneele geliefert, die teilweise über fünf Meter breit sind.
(© ertex solar/Dieter Moor)

Weiße Solarmodule sind die Königsklasse der farbigen Module.
(© Heiko Schwarzburger)

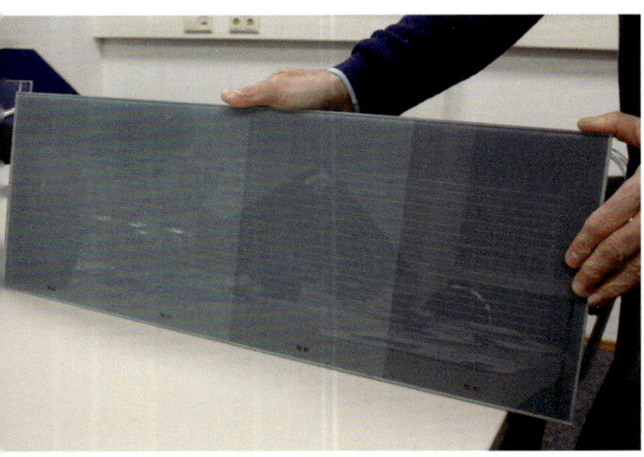

Mit Milchglas abgedecktes Solarmodul. Die kristallinen Solarzellen werden unsichtbar.
(© Heiko Schwarzburger)

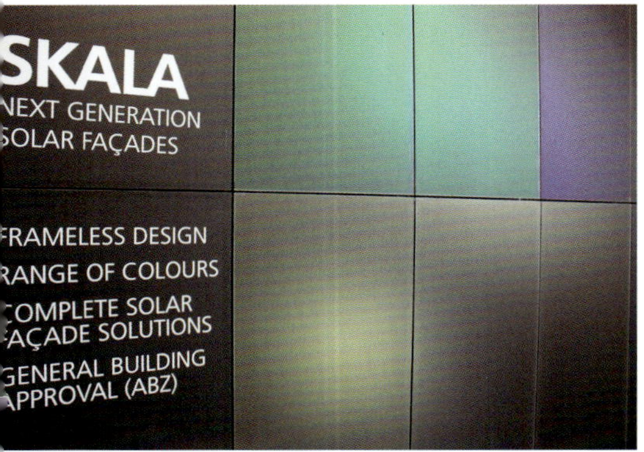

Beispiele für die Farbigkeit von CIGS-Solarmodulen für Fassaden.
(© Heiko Schwarzburger)

2.6 Farben: Niedrigerer Ertrag vs. Gestaltung

Schon seit einigen Jahren sind farbige Module auf dem Markt. Sie verfügen über farbige Deckgläser, werden mit Farbfolien auf dem Glas oder im Laminat versehen, oder die Farben werden aufgedruckt. Das bedeutet jedoch, dass im Lichtspektrum der Farbe ein bestimmter Anteil der Strahlungsenergie reflektiert wird. Er steht somit nicht mehr für den photoelektrischen Effekt in der Solarzelle zur Verfügung.

TIPP Farbige Solarmodule haben in der Regel einen etwas geringeren Wirkungsgrad als Standardmodule mit vollflächigem Solarabsorber.

Aus diesem Grunde haben farbige Module geringere spezifische Wirkungsgrade als Solarmodule mit optisch klarem Deckglas. Die Mindererträge sind in den Datenblättern ausgewiesen und bei der Berechnung der Solarerträge zu beachten.

2.7 Eigenverbrauch vs. Netzeinspeisung

Unter Einspeisung versteht man die Lieferung von Sonnenstrom ins Stromnetz. Die Solarenergie wird meist in der Niederspannungsebene der Verteilnetze eingespeist. Die Einspeisung erfolgt über einen Wechselrichter mit netzkonformem Wechselstrom (synchronisierte Netzfrequenz von 50 Hertz) und den Einspeisezähler.
Bei kritischen Netzlagen darf der Netzbetreiber die Wirkleistung der Photovoltaikanlage am Netz abregeln – gegen Entschädigung. Solche Vorfälle sind zu dokumentieren und zu begründen. Die Abregelung erfolgt über einen speziellen Signalempfänger am Wechselrichter.
Bis vor kurzem galt: Für jede kWh, die der Anlagenbetreiber ins Stromnetz einspeist, bekommt er eine Einspeisevergütung. Sie gilt für 20 Jahre ab der Inbetriebnahme der Photovoltaikanlage, plus der Zeit bis zum Ablauf des ersten Kalenderjahres der Inbetriebnahme. Die Höhe der Einspeisevergütung wird von der Bundesnetzagentur bestimmt. Maßgeblich ist der Zeitpunkt der Inbetriebnahme.

TIPP Einspeisung und Vergütung von Solarstrom sind nur noch für große Anlagen lukrativ.

Durch jüngste Änderungen im Erneuerbare-Energien-Gesetz wurde die Einspeisevergütung stark reduziert. Auch wurden die Leistungsgrenzen für einspeisende Generatoren stark gedrückt. Ab 500 kW muss eine Anlage in die Ausschreibung der Bundesnetzagentur. Gewinnt sie die Ausschreibung, erhält sie eine Einspeisevergütung, muss ihren gesamten Sonnenstrom aber an den Netzbetreiber abgeben. Eigenverbrauch ist damit unmöglich.
Deshalb werden Photovoltaikanlagen am Gebäude heutzutage auf maximalen Eigenverbrauch ausgelegt. Unter Eigenverbrauch versteht man die Menge an Sonnenstrom, den der Erzeuger unmittelbar im eigenen Gebäude bzw. auf dem eigenen Grundstück verbraucht. Der Produzent (engl.: producer) und der Verbraucher (engl.: consumer) des

Sonnenstroms sind juristisch ein und dieselbe Person, weshalb man sie auch als Prosumer bezeichnet. Der Verkauf an Nachbarn beispielsweise oder Mieter im gleichen Gebäude gilt in Deutschland nicht als Eigenverbrauch.

TIPP Den Sonnenstrom direkt im Gebäude zu nutzen, ist ökonomisch und ökologisch zugleich. Damit wird die Immobilie aufgewertet und die Betriebskosten sinken.

In Österreich sind solche Modelle inzwischen viel einfacher möglich. Dort darf der Strom seit Mitte 2018 im Rahmen von Gemeinschaftsanlagen von mehreren Nutzern – gleichgültig, ob private oder gewerbliche Mieter oder Miteigentümer – im Gebäude verbraucht werden. Zudem hat die Alpenrepublik die Sondersteuer auf selbst verbrauchten Solarstrom abgeschafft. Seit Beginn des Jahres 2021 ist sogar die Lieferung des Stroms an benachbarte Gebäude im Rahmen von sogenannten Energiegemeinschaften möglich.
Die eigen- oder selbstverbrauchte Strommenge wird nicht an das Stromnetz abgegeben. Demzufolge gibt es für eigenverbrauchten Strom keine Einspeisevergütung gemäß EEG, allerdings wird er bei Anlagen mit mehr als 10 kW Nennleistung des Solargenerators zumindest teilweise mit der EEG-Umlage belegt.

TIPP Der Selbstverbrauch des Sonnenstroms ist ungleich wertvoller als die Einspeisung ins Stromnetz.

Denn aufgrund der hohen Preise für Netzstrom spart der Nutzer deutlich mehr Geld ein, als er für den Stromkauf aufwenden müsste. Mit einem Stromspeicher im Haus kann der Nutzer den Sonnenstrom sogar nachts verbrauchen.
Der Eigenverbrauch wird umso interessanter, je niedriger die Preise für Photovoltaiktechnik und Stromspeicher (Gestehungskosten) sind. Durch die Elektromobilität wächst der wirtschaftliche Vorteil noch weiter: Dann wird das Gebäude zur Tankstelle für kostengünstigen Eigenstrom vom Dach.

2.8 Hinweise zur Amortisation

2.8.1 Amortisation durch Eigenverbrauch

Generell bezeichnet die Amortisation den Zeitraum, in dem sich eine Investition bezahlt macht. Im Falle einer Photovoltaikanlage wird die Amortisationszeit durch die Einsparung beim Kauf von Netzstrom (Eigenverbrauch) ermittelt. Je mehr Eigenstrom die Solaranlage liefert, umso mehr Strom spart man beim Netzbezug. Die Einsparung gegen die Investition gerechnet, ergibt die Amortisationszeit.
Da die Netzstrompreise für private Endkunden sehr hoch sind, bringt die Einsparung von Netzstrom dem Anlagenbetreiber einen höheren wirtschaftlichen Vorteil als die Einspeisevergütung. Je höher der Eigenverbrauch, desto kürzer die Amortisationszeit.
Wer eine Speicherbatterie einsetzt, um Sonnenstrom beispielsweise für den Abend und die Nacht vorzuhalten, muss die Investition für die Solarakkus mit in die Berechnung der Wirtschaftlichkeit aufnehmen.

TIPP Gut geplante Solarsysteme amortisieren sich innerhalb weniger Jahre, wenn der erzeugte Sonnenstrom möglichst vollständig im Gebäude verwendet wird. E-Mobilität und solare Parkplatzüberdachungen verkürzen die Amortisationszeiten mitunter deutlich.

Für Aufdachsysteme bis 10 kW Anlagengröße rechnet man zwischen 1.200 bis 1.500 Euro pro kW. Die Kosten pro kWh Sonnenstrom liegen dann bei 9 bis 11 Ct/kWh. Größere Dachsysteme sind preiswerter, dort können die Preise bis auf 7 Ct/kWh fallen.
Integrierte Systeme sind etwas aufwendiger, allerdings sparen sie die klassische Eindeckung. Ähnlich verhält es sich mit Solarfassaden, wenn die Solarmodule nicht der klassischen Fassade vorgehängt werden. Bei Vorhangfassaden entstehende Mehrkosten sind dem prognostizierten Stromertrag gegenzurechnen.

TIPP Nicht in Geld aufzuwiegen sind die weitgehende Unabhängigkeit vom Netzversorger und der Notstrom, der mit photovoltaischen Speichersystemen möglich ist. Bei Netzausfall springt die Batterie ein und deckt die Hausversorgung ab.

TIPP Besonders wirtschaftlich ist die Investition, wenn der Sonnenstrom für ein Elektroauto genutzt wird. Dann spart der Haushalt nämlich die Spritkosten für das Fahrzeug und die ASU ein. Auch elektrische Rasenmäher, Pedelecs oder E-Roller lassen sich mit Sonnenstrom vom Dach oder der Fassade betreiben.

2.8.2 Energetische Amortisation (Energy Payback Time)

Darunter versteht man den Zeitraum, den eine Solaranlage benötigt, um die zu ihrer Herstellung notwendige Energie durch Sonnenstrom zu erzeugen, also mit sauberer Solarenergie auszugleichen. Bei Photovoltaikanlagen sind es je nach Modultechnik zwischen neun und zwölf Monate. Danach liefert die Anlage mehr sauberen Strom als zur Fertigung verbraucht.
Dieser Begriff macht nur bei Generatortechniken Sinn, die keinen Brennstoff verbrauchen. Ein Generator, der Öl, Gas, Wasserstoff oder Uran als Brennstoff verwendet, kann sich rein physikalisch niemals energetisch amortisieren. Denn es wird immer wieder Energie in Form des Brennstoffs (der auch technisch hergestellt wurde) zugeführt. Nur bei Windkraft und Solargeneratoren ist dieser Begriff nützlich, um die zur Herstellung benötigte Energie gegenzurechnen. Solarenergie und Windkraft stehen ohne besondere Bauwerke oder Zwischenlager bzw. Endlager zur Verfügung. Bei Wasserkraft müsste man die notwendigen Becken, Sperrwerke und Dämme zuzüglich zur Generatortechnik einbeziehen.

2.9 Mieterstrom – Wohnen und Gewerbe

Mieterstrom ist ein juristischer Begriff. Er bezeichnet speziell Photovoltaikanlagen, die auf vermieteten Gebäuden (Wohnmiete, Gewerbemiete) errichtet werden. Für sie gelten alle Gesetze und Vorschriften wie für Photovoltaikanlagen allgemein und zusätzlich das Mieterstromgesetz, das 2017 vom Deutschen Bundestag verabschiedet wurde.
Der Solarstrom wird im Gebäude an die Mieter abgegeben, ohne das Stromnetz in Anspruch zu nehmen. Dabei ist es gleichgültig, ob der Solarstrom vom Dach oder aus der Fassade kommt. Nur solare Überschüsse werden ins Stromnetz eingespeist und vergütet. Mieterstromprojekte werden auch mit Blockheizkraftwerken, Speicherbatterien gebaut und in Verbindung mit Ladetechnik für E-Autos. In der Regel ist der Vermieter beziehungsweise der Eigentümer des Gebäudes der Betreiber der Photovoltaikanlage.
Beim Mieterstrom entfallen Netzentgelte, netzseitige Umlagen, Stromsteuer und Konzessionsabgaben. Zudem gibt es eine kleine Förderung je kWh Mieterstrom, den sogenannten Mieterstromzuschlag.

TIPP Mieterstrom wird ein Megatrend in Ballungsräumen. Die bürokratischen Hürden und die Kosten werden sukzessive sinken.

Allerdings hat der Gesetzgeber für die Zählerkonzepte und die Abrechnung des Sonnenstroms mit den einzelnen Mietparteien hohe Anforderungen formuliert. Denn generell sind Wohnungsmieter und Gewerbemieter bei der Wahl ihres Stromversorgers frei. Auch macht der Gesetzgeber Vorgaben, wie hoch der Preis pro kWh Sonnenstrom im Vergleich zu Netzstrom vom lokalen Versorger sein darf.
Die Erfahrungen aus den ersten Jahren seit der Einführung des Mieterstromgesetzes haben gezeigt, dass der rechtliche Rahmen sehr bürokratisch ist und die Installation von dezentralen Photovoltaikanlagen auf Mehrgeschosswohngebäuden eher behindert. Bei Gewerbemietern ist es etwas leichter.
In beiden Fällen haben sich Dienstleister darauf spezialisiert, die bürokratischen Hürden zu meistern. In diesem Falle müssen sie Betreiber der Solaranlage werden. Sie übernehmen die gesamten Pflichten, die sich durch die Stromlieferung im Gebäude ergeben – inklusive Abrechnung und Reststromlieferung.

TIPP Eigentrom für Gewerbemieter ist bereits heute ein Weg, um die sogenannte Zweite Miete – die Energiekosten – deutlich zu drücken. Damit erhalten die Vermieter mehr Spielraum bei der Kaltmiete.

In Marburg ist Anfang 2021 die erste Solarfassade entstanden, deren Strom von den Stadtwerken der hessischen Universitätsstadt über einen Stromliefervertrag – einem sogenannten Power Purchase Agreement (PPA) – an die Gewerbemieter des Gebäudes verkauft wird.
Über solche Umwege ist die direkte Nutzung des Sonnenstroms vor Ort möglich. Es bleibt zu hoffen und Gegenstand der politischen Diskussion, dass die Vorschriften einfacher werden. Denn Sonnenstrom für Mieter birgt die Chance, die Immobilien aufzuwerten und die Energiekosten zu senken. Dadurch erhöht sich die Rendite für die Vermieter.

Den Strom aus der Fassade dieses Gebäudes in Marburg vermarkten die Stadtwerke direkt an die radiologische Praxis im Haus. Entwurf und Visualisierung: architekt hagen plaehn, dipl.-ing. (tu), a.p.l. – architekten plaehn und lüdemann, hannover.
(© a.p.l. - architekten plaehn und lüdemann)

2.10 Marktstammdatenregister und steuerliche Aspekte

2.10.1 Anmeldung im MStR

Alle Photovoltaikanlagen sind im elektronischen Anlagenregister (auch: Marktstammdatenregister) der Bundesnetzagentur zu registrieren. Es umfasst alle elektrischen Generatoren, Stromspeicher und Gaserzeugungsanlagen in Deutschland. Die Verantwortung für die Meldung obliegt dem Anlagenbetreiber.
Nur korrekt im Marktstammdatenregister angemeldete Solargeneratoren erhalten die Einspeisevergütung. Das Marktstammdatenregister ist hier zu finden:
www.marktstammdatenregister.de

2.10.2 Steuerliche Aspekte

Unter Steuern versteht man staatliche Abgaben, die per Gesetz (Steuerrecht) und Verordnungen der Finanzbehörden geregelt sind. Für Photovoltaikanlagen sind die Gewerbesteuer, die Einkommenssteuer, die Umsatzsteuer und steuerliche Abschreibungen relevant. Gewerbesteuer ist fällig, wenn Sonnenstrom ins Netz eingespeist und vergütet wird. Einkommenssteuer wird fällig, wenn die Anlage während ihrer Laufzeit Gewinne erzielt. Umsatzsteuer kann bei gewerblichen Anlagen als Vorsteuer geltend gemacht und abgezogen werden. Gewerbliche Anlagen von Unternehmen, beispielsweise auf Firmengebäuden zur Erzeugung von betrieblichem Strom, werden wie andere Betriebsmittel steuerlich abgeschrieben.

TIPP Vor jedem Solarprojekt ist unbedingt der Steuerberater ins Planungsteam zu holen. Das gilt vor allem für gewerbliche Vorhaben, für die besondere Abschreibungsregeln gelten.

Ob und in welchem Umfang Photovoltaikanlagen steuerlich behandelt werden, hängt von ihrer Größe (Nennleistung) und der Art der Stromnutzung ab. Anlagen bis 10 kW werden in der Regel als private Anlagen betrachtet. Sie sind nicht gewerbesteuerpflichtig. Beträgt der Eigenverbrauch des Sonnenstroms mehr als 95 %, gelten die Anlagen mit weniger als 10 kW auch nicht als relevant für die Einkommenssteuer. Dann kann der Betreiber bzw. Investor jedoch auch keine Vorsteuer abziehen.

In der Regel unterliegen größere Dachanlagen und Solarfassaden den üblichen Vorschriften der Finanzbehörden zur Versteuerung. Ein Sonderrecht für Solaranlagen gibt es nicht.

2.10.3 Vorteile für DC-Systeme

Der technische und bürokratische Aufwand für Sonnenstrom schrumpft erheblich, wenn ein Solargenerator physisch nicht ans Stromnetz angeschlossen wird. Oder wenn der erzeugte Gleichstrom als solcher im Gebäude verwendet wird: thermisch, zur Kühlung oder zur Aufladung von E-Fahrzeugen über separate Stromspeicher als Leistungspuffer. Dann wird kein Wechselstrom erzeugt oder er kann nicht ins Netz gelangen, also nicht gehandelt werden. In diesem Falle entfallen auch die Meldepflichten für die Anlage und die jährlich erzeugte Strommenge bei der Bundesnetzagentur.

Zurzeit dominieren die netzgekoppelten Anlagen, aus historischen Gründen. Künftig werden immer mehr Gebäude vom Netz abgekoppelt, weil sie sich tatsächlich selbst versorgen: mit Sonnenstrom im Sommer und mit Blockheizkraftwerken oder Brennstoffzellen im Winter. Dann ist der Sonnenstrom von allen Abgaben befreit, auch der Aufwand für die Verwaltung der Anlage ist minimal. Lediglich technische Prüfpflichten sind einzuhalten.

Weil der Gesetzgeber – zumindest in Deutschland – den Netzanschluss nutzt, um immer neue bürokratische Hürden für Sonnenstrom aufzubauen, werden reine DC-Solarsysteme an Bedeutung gewinnen – wie übrigens in netzfernen Regionen der Welt. Eine Renaissance der Gleichstromtechnik – die einst an der Wiege der Elektrifizierung stand – ist bereits in Sicht.

TIPP Die Gleichstromversorgung von Gebäuden, vor allem in der Industrie und im Gewerbe, ist ein neuer Trend in der Elektrotechnik. Er wird vor allem im Neubau eine wichtige Rolle spielen.

Das neue Gebäude der Copenhagen International School – entworfen von Julian Weyer, Partner beim Kopenhagener Architekturbüro C.F. Møller Architects – steht im einstigen Containerhafen der dänischen Hauptstadt. Nicht nur der Baukörper besticht durch seine Einzigartigkeit. Auch die Fassade ist mit einem ganz besonderen Effekt versehen. Die dort angebrachten Solarmodule erscheinen in unterschiedlichen Farbabstufungen – je nach Betrachtungswinkel.
(© 2017 EPFL/Philippe Vollichard)

3

Freiheit in der Gestaltung

Die Gebäudehülle erfüllt viele Funktionen: Schutz vor Witterung, Wärmeschutz, Sonnenschutz, Belichtung, Schallschutz und Brandschutz. Sie unterstützt die Lüftung, sichert das Gebäude gegen Unbefugte und dient zudem repräsentativen Zwecken. Sie ist die Gestaltungsfläche der Architekten und das Gesicht des Eigentümers oder der Bauherrenschaft nach außen.
Nun tritt die Erzeugung von sauberem und preiswertem Sonnenstrom als weitere Funktion hinzu. Sie schränkt die gestalterischen Möglichkeiten der Architekten nicht ein, sondern erweitert sie um sehr interessante Facetten. Denn die Technik der Solarmodule hat die gängigen blauschimmernden Paneele mit polykristallinen Solarzellen längst hinter sich gelassen.
Der Markt bietet solaraktive Bauprodukte und optisch ansprechende Solarelemente in wachsender Vielfalt an, ihre Preise können mit herkömmlichen Produkten durchaus konkurrieren. In den kommenden Jahren werden Solarprodukte mit allgemeiner bauaufsichtlicher Zulassung (abZ) zur Verfügung stehen, der Anfang ist bereits gemacht. So werden Solarelemente ein selbstverständlicher Bestandteil des Baugeschehens und des Sanierungsgeschäfts.

3.1 Solarfassaden

3.1.1 Kaltfassaden und Warmfassaden

Die Gestaltungsfreiheit der Fassade wird durch solare Elemente nicht eingeschränkt. Im Gegenteil: Mit der Photovoltaik gewinnt der Architekt völlig neue Gestaltungsmöglichkeiten, ohne konventionelle Elemente zu verlieren. Auch sichtbare Solarelemente können die Fassade ansprechend prägen. Planer und Architekt müssen längst nicht mehr zwingend auf Standardmodule der Solarindustrie zurückgreifen. Selbst kristalline Solarmodule bieten heutzutage optische Spielräume. So lässt sich bspw. die Anordnung der Zellen innerhalb der Module variieren, um eine ganz eigene Fassadenoptik zu schaffen.
Die Solartechnik kann jedoch auch aus der Wahrnehmung des Betrachters verschwinden. Mittlerweile bietet der Markt zahlreiche Produkte in Standard- und Sonderformaten an, um Fassaden solar zu aktivieren. Dabei werden die Solarmodule gestalterisch und planerisch wie Verbundsicherheitsglas (VSG) behandelt.
Die Solarmodule sind elektrische Generatoren, die bei der Stromerzeugung eine gewisse Abwärme verursachen. Deshalb sollten sie gut hinterlüftet sein. Die vorgehängte Solarfassade bietet diesen Spalt an, für die Verkabelung und die elektrischen Anschlüsse.

TIPP Die einfachste Form ist die vorgehängte Kaltfassade – im Neubau und in der Sanierung.

Für die Montage der Solarmodule werden in der Regel ähnliche oder sogar die gleichen Unterkonstruktionen aus Stahl oder Aluminium genutzt wie für vorgehängte Glasfassaden. Sie werden mit Ankern direkt am Baukörper befestigt.
Solare Kaltfassaden lassen sich bei Neubauten und in der Sanierung realisieren. Es ist aber wichtig zu wissen, dass die Montagegestelle den Wärmeschutz der thermischen Hülle durchstoßen. Deshalb ist entsprechende Sorgfalt walten zu lassen, um Wärmebrücken zu verhindern.

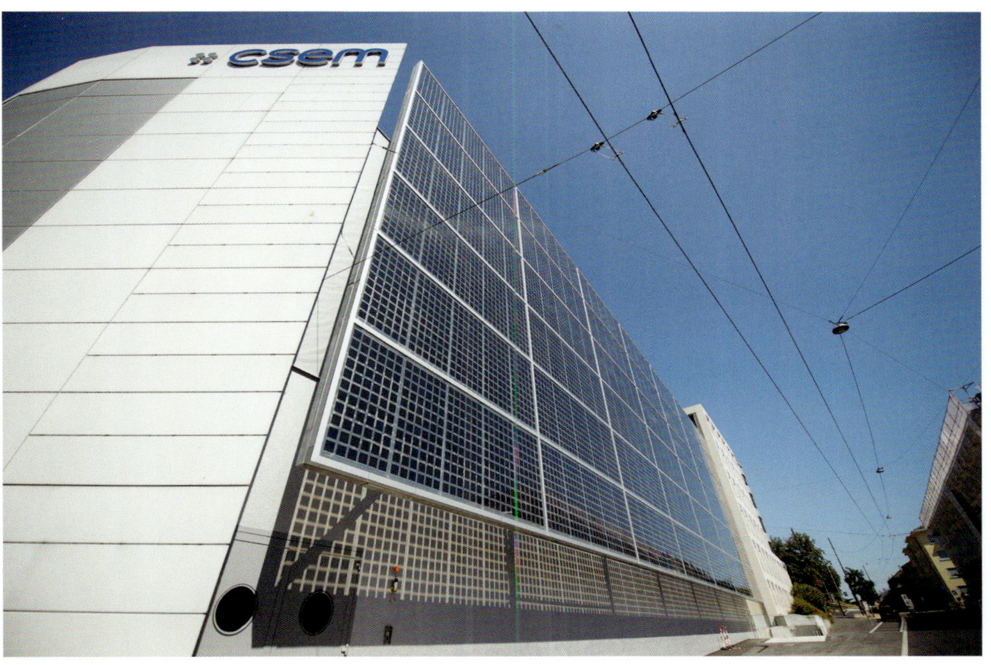

Auch große hinterlüftete Fassaden lassen sich mit Solarmodulen bauen, wie das Projekt am Forschungsgebäude des Centre Suisse d'Electronique et de Microtechnique (CSEM) in Neuchâtel zeigt. Durch die semitransparenten Module wirkt die Fassade trotz ihrer riesigen Ausmaße dennoch leicht. (© CSEM SA/David Marchon)

Eine filigrane Pfosten-Riegel-Konstruktion im Detail: Das neue Verwaltungs- und Bürogebäude von Swiss Krono in Menznau. (© Meyer Burger)

Die Fassade des Chemiehochhauses der TU Wien wurde schon ursprünglich in einer Pfosten-Riegel-Bauweise errichtet. Hier wurden bei der Sanierung die inaktiven Elemente durch Solarmodule ersetzt. (© Velka Botička)

Strenge Gliederung und technische Optik: Das Gebäude der Ämter für Raumordnung, Natur und Umwelt im italienischen Bolzano ist teilweise mit einer vorgehängten Solarfassade ausgestattet. (© Velka Botička)

Eine Solarfassade der ersten Stunde: der Enzian Tower im italienischen Bolzano. Architekt: Zeno Bampi.
(© Velka Botička)

Komplett unsichtbar wird die Solartechnologie an dieser Fassade eines Mehrfamilienhauses im schweizerischen Brütten. Die opaken Flächen des Gebäudes sind mit farbigen Modulen ausgeführt. Nach Angaben der Umwelt Arena Schweiz ist es das erste energieautarke Mehrfamilienhaus der Welt.
(© Umwelt Arena Schweiz, www.umweltarena.ch)

Auch ohne farbige Modulgläser ergeben ungerahmte Paneele eine homogene Fassadenfläche. Hier am Solarzentrum im Effizienzhaus Plus in Berlin.
(© Velka Botička)

TIPP Warmfassaden werden in der Regel als Pfosten-Riegel-Konstruktionen realisiert. Der Aufwand ist höher als bei Kaltfassaden und vor allem im Neubau sinnvoll.

Sie bereiten größeren Aufwand, weil die Hinterlüftung der Solarelemente schwieriger ist. Sie sind vorzugsweise im Neubau sinnvoll, wo wichtige Entscheidungen schon bei der Ausrichtung des Baukörpers und seiner Konstruktion gefällt werden können.
Wird die solare Warmfassade von Beginn an im Bauprojekt geplant, ist sie unter Umständen wirtschaftlicher als eine vorgehängte Kaltfassade, die ein zusätzliches Bauteil am

Gebäude darstellt. Generell gilt, die Solarelemente so früh wie möglich in den Entwurf und die Planung des Gebäudes einzubeziehen.

TIPP Solarelemente sind so früh wie möglich in die Gebäudeplanung einzubeziehen. Spätere Adaptionen oder Umbauten verursachen nicht selten hohe Kosten.

Architekten achten bei der Gestaltung von Fassaden unter anderem auf die Linienführung und Homogenität. Gerahmte Module oder Solarmodule in speziellen Kassettenkonstruktionen erlauben sehr streng gegliederte Fassaden mit technischer Optik. Rahmenlose Module hingegen bieten nahezu homogene Flächen ohne Unterbrechungen oder Lücken. Alle Arten von Solarmodulen lassen sich prinzipiell für Fassaden nutzen: kristalline Solarmodule, Dünnschichtmodule mit Kupfer-Indium-Halbleitern (CIGS) oder Cadmiumtellurid, Dünnschichtmodule mit amorphen oder mikromorphen Siliziumschichten oder organische Module aus solaraktiven Polymeren. Die Entscheidung, welche Technologie zum Einsatz kommt, hängt einerseits von gestalterischen Gesichtspunkten ab. Andererseits ist der Stromertrag, der mit der Solarfassade erzielt werden soll, ein Kriterium.

TIPP Die Freiheit bei der Gestaltung der Fassaden als Blickfänger ist mittlerweile unbegrenzt. Es gibt farbige, bedruckte und semitransparente Module, viereckige oder dreieckige Module, sogar gekrümmte Flächen sind möglich.

3.1.2 Farbige Module

Früher bestanden die Solarmodule meist aus blauen oder schwarzen Zellen, gerastert im Zellformat mit schmalen Lücken oder vollflächig und lückenlos im Modul. Das kristalline Blau (polykristalline Solarmodule) oder das Anthrazitschwarz (monokristalline Solarmodule oder CIGS-Dünnschichtmodule) schränkten die Optik ein. Mittlerweile sind Solarmodule in allen Farben verfügbar – wie Verbundsicherheitsglas (VSG). Das erweitert die gestalterischen Möglichkeiten an der Fassade enorm. Faktisch gibt es keine Beschränkungen mehr.

TIPP Bei der farblichen Gestaltung von Solarelementen gibt es faktisch keine Grenzen mehr. Auch individuell bedruckte Solarelemente sind möglich.

Ein Weg, die Module einzufärben, sind Farbfolien. Sie werden auf die Deckgläser der Module aufgebracht oder als Deckfolie ins Laminat eingeschweißt. Besonders herausfordernd sind weiße Solarmodule. Denn die dunklen Solarzellen dürfen nicht durchschimmern, auch nicht nach vielen Jahren der Nutzung an der Fassade. Seit Kurzem sind solche Module verfügbar, die neben Weiß auch viele andere Farben erlauben. Bei den ersten Gebäuden wurden solche weißen Module bereits installiert.

Ein zweiter Weg, die Solarmodule zu färben, ist die zusätzliche Beschichtung auf dem Deckglas. Dieses Verfahren wird beispielsweise für Dünnschichtmodule angewandt. Sie erhalten auf dem Glas eine Beschichtung, die den optischen Farbeffekt erzeugt. Solche Module schimmern meist metallisch, was sehr interessante gestalterische Effekte erlaubt. Als solaraktive Halbleiter kommen Kupfer-Indium-Verbundschichten (CIGS) zum Einsatz. Diese Module sind vollflächig mit kleinen Solarzellen belegt, was die homogene Optik betont. Ohne Rahmung der einzelnen Module entsteht eine volle Farbfläche an der Fassade, die obendrein Strom erzeugt.

Hier eine stilvolle Villa in China. Alle Fassaden und das Dach sind aktiviert. Weiße Module mit Solaxess-Technologie hergestellt von der Firma Quantacolor, Hangzhou.
(© Solaxess)

Mit der Folientechnologie werden auch weiße, solaraktive Aluminiumelemente möglich.
(© Velka Botička)

Die Möglichkeiten sind nahezu unbegrenzt, wie diese nach den Vorgaben von Architekten angefertigten Module zeigen.
(© Velka Botička)

Dieses terracotta-goldene Dünnschichtmodul ist eine Spezialanfertigung, die zusammen mit einem Architekten entwickelt wurde.
(© Velka Botička)

Ein Dünnschichtmodul mit satiniertem Glas und eingeätztem Schriftzug zeigt, dass alle Möglichkeiten der Glasindustrie solar aktiviert werden können.
(© Velka Botička)

Der dritte Weg, Solarmodule optisch aufzuwerten, besteht in farbigen oder bedruckten Frontgläsern. Dabei wird das Deckglas des Moduls eingefärbt bzw. ein farbiges oder Milchglas verwendet. Auch vorher bedruckte Gläser lassen sich in den Aufbau des Solarmoduls integrieren. Der Vorteil: Diese Variante ist im Vergleich zu nachträglich aufgebrachten Folien oder Beschichtungen langlebiger. Denn das Frontglas selbst gibt die Farbe vor.

Hier gibt es keinerlei Grenzen: Prinzipiell sind alle Modulfarben möglich, die sich mit vierfarbigem Siebdruck oder mit Digitaldruck realisieren lassen. Selbst Bilder, Logos oder andere Formen werden auf die Moduloberflächen aufgebracht. Für den Druck werden transluszente Farben verwendet. Diese sind leicht lichtdurchlässig und kaschieren oder verdecken die darunterliegende Struktur.

Normalerweise werden Solarmodule mit optischen Gläsern abgedeckt. Sie sind so rein, dass die Lichtverluste im Glas sehr gering bleiben. Durch Einfärbung der Oberfläche wird ein Teil des Sonnenlichts in einem bestimmten Spektralbereich reflektiert, so entsteht der Farbeffekt. Die aufgebrachte Farbe absorbiert ihrerseits einen Teil der Energie, der später bei der Stromausbeute fehlt. Das heißt: Farbige Solarmodule haben gegenüber herkömmlichen Solarmodulen unter Umständen eine deutlich geringere Leistung – zwischen 10 und 30 %.

Je heller die Wunschfarbe wird, desto größer ist das Lichtspektrum, das reflektiert wird – und umso stärker sinkt die elektrische Leistung. Vollflächig weiße Solarmodule nutzen deshalb einen optischen Trick: Weiß können Menschen optisch nur wahrnehmen, wenn eine Fläche das gesamte Lichtspektrum reflektiert. So bliebe kein Licht übrig, um Solarstrom zu produzieren. Aus diesem Grund arbeiten die Hersteller von weißen Solarmodulen mit einer Spezialfolie, die nur das sichtbare Licht reflektiert. Das reicht aus, um ein Objekt weiß erscheinen zu lassen. Die unsichtbaren Teile des Lichtspektrums (infrarot und ultraviolett) werden zur Stromproduktion genutzt.

TIPP Optische Effekte wie Raster oder aufgedruckte Streifen erhöhen den Gestaltungsspielraum für Solarelemente an der Fassade.

So können Solarmodule mit einem Punkteraster bedruckt werden, um das Auge zu überlisten. Bei genauer Betrachtung aus wenigen Zentimetern Entfernung sind die Raster deutlich zu erkennen. In der Gesamtansicht der Fassade verschwimmen sie zur homogenen Farbfläche.

Diese Tricks haben den Vorteil, dass weniger Fläche des Modulglases bedruckt wird. Dadurch sinken die sogenannten Abschattungsverluste. Zwischen den Punkten fällt das Sonnenlicht ungehindert auf die Solarzellen. Die Punkte können sogar in verschiedenen Größen und Abständen aufgedruckt werden. Ähnliche Effekte lassen sich erreichen, indem man dünne Streifen aufdruckt.

Farbige Module werden meist an Solarfassaden verwendet, um sie optisch ansprechend zu gestalten. Die Fassaden haben in der Regel große Flächen.

TIPP Große Solarflächen an der Fassade gleichen die Wirkungsgradverluste durch Farben und Aufdrucke der einzelnen Solarelemente aus.

Deshalb kann man die Leistungsverluste der farbigen Module in Kauf nehmen. Denn ohne Solarmodule würde die Fassade gar keinen Strom erzeugen, würde also nur Geld verschlingen. Mit den farbigen Modulen sieht sie chic aus, zieht Aufmerksamkeit auf sich – und erzeugt obendrein wertvollen Sonnenstrom: eine dreifache Win-Win-Win-Situation.

Keine gedruckten Poster, sondern Solarmodule: Forscher des CSEM in Neuchâtel haben eine spezielle Möglichkeit des Drucks, die Kaleo-Technik, entwickelt, um filigrane Bilder auf die Moduloberfläche zu bringen.
(© CSEM SA/@ Brief communication)

Die farbigen Kromatix-Gläser, die für diese Module verwendet werden, haben eine besondere Beschichtung, die nur die Lichtwellen reflektiert, die für die Farberscheinung relevant sind. Der Rest des Lichts wird zur Stromproduktion genutzt.
(© Velka Botička)

Der Vorteil ist die matte Oberfläche, die Blendungen verringert. Die eigentliche Solartechnologie ist fast unsichtbar. Man muss sehr genau hinschauen, um sie zu erkennen. Sie sorgt zusätzlich für eine feine Nadelstreifenoptik.
(© Velka Botička)

Farbe ist keine Hexerei. Dieses Dünnschichtmodul zeigt, dass die Möglichkeiten inzwischen kaum noch Grenzen hinsichtlich des Designs setzen.
(© Velka Botička)

Nicht immer muss es ein solch ausgefeiltes Moduldesign sein. Doch das Bauunternehmen Züblin zeigt mit seiner Fassade in Stuttgart, was möglich ist.
(© Ed. Züblin AG)

Die Solartechnologie verschwindet komplett aus der optischen Wahrnehmung durch den Betrachter.
(© Pascal Staedeli)

Einst war dieses Gebäude ein graues Silo, in dem Kohle gelagert wurde. Jetzt ist es der Farbtupfer in einem komplett modernisierten Quartier in Basel.
(© Pascal Staedeli)

Die Technologie, mit der auch die Fassade der Copenhagen International School realisiert wurde, haben Forscher des EPFL in Zürich entwickelt.
(© 2017 EPFL, Alain Herzog)

Die Module an der Fassade der Copenhagen International School erscheinen je nach Betrachtungswinkel in unterschiedlichen Farbtönen. Um den Effekt zu unterstreichen, wurden sie zudem in unterschiedlichen Ausrichtungen zur Fassadenoberfläche angebracht.
(© 2017 EPFL)

Die Oberfläche der Modulgläser hat eine Antireflexschicht, um möglichst viel Licht zur Stromproduktion zu nutzen.
(© TÜV Rheinland)

Problemlos lassen sich farbige Fassadenelemente aus VSG mit farbigen Solarmodulen kombinieren.
Bei Glasfassaden und Solarfassaden mit klassischen Glas-Folie-Modulen gibt es unter Umständen Probleme, wenn die glatte Glasfront einen Blendeffekt erzeugt. Das kann im Straßenverkehr oder in der Nachbarschaft störend sein. Das wird in der Regel von den Drucken oder zusätzlichen Folien der farbigen Solarmodule verhindert.

TIPP Eingefärbte Solarmodule zeigen in der Regel deutlich schwächere Blendeffekte bzw. der Blendfleck ist nicht mehr grellweiß (volles Spektrum des Sonnenlichts).

3.1.3 Transparente Solarelemente

Solarmodule bestehen aus Solarzellen, die mithilfe des Sonnenlichts sauberen Strom erzeugen. Normalerweise sind die Zellen so dicht angeordnet, dass sie die Fläche des Moduls vollkommen abdecken – ohne Zwischenräume. Auf diese Weise erzielt das Modul den maximalen Stromertrag.
Sogenannte transparente oder semitransparente Solarelemente ordnen die Solarzellen mit mehr oder weniger breiten Zwischenräumen an. Auf diese Weise wird ein Teil des Sonnenlichts nicht ausgenutzt, es geht – wie bei einer Fensterscheibe – durch das Modul hindurch. Solche Solarmodule schatten das hinter ihnen oder unter ihnen liegende Terrain nicht vollständig ab.
Auf diese Weise kombinieren sie intelligenten Sonnenschutz mit Stromerzeugung. Solche transparenten Solarelemente nutzt man beispielsweise für optisch ansprechende Fassaden, Wintergärten, die solare Pergola oder solare Überdachungen für Terrassen und Parkplätze.

TIPP Alle Stufen der optischen Transparenz von 100 % (Glas) bis 0 % (Solarzelle) sind möglich.

Bei transparenten Solarelementen sind verschiedene Stufen der Transparenz möglich – zwischen 0 % (vollflächige Belegung mit Solarzellen) bis 100 % (Glas). Theoretisch lässt sich nach Wunsch der Kunden jede Transparenz fertigen. Aus Kostengründen werden die Module meist mit gestufter Transparenz angeboten, beispielsweise 25 oder 40 %. Es leuchtet ein: Je höher die Transparenz, desto weniger Licht wird in elektrischen Strom umgesetzt.
Bei Solarelementen mit kristallinen Solarzellen wird die Transparenz durch die Abstände der Zellen festgelegt. Je weniger Zellen auf der Fläche des Moduls verteilt sind, umso mehr Licht erreicht das Areal hinterm Modul. Ein sinnvolles Verhältnis von Verschattung und Stromausbeute ergibt sich bei 15 bis 40 % Transparenz. In der Regel reicht die dadurch erzeugte Verschattung im Sommer aus, um hinter den semitransparenten Elementen liegende Flure, Büroräume oder die Terrasse ausreichend vor der heißen Sonne zu schützen.
Mit der Semitransparenz wird in bestimmten Fällen sogar der Einsatz von sogenannten bifazialen Modulen möglich. Sie produzieren den Strom nicht nur auf der Vorderseite, sondern auch auf der Rückseite der Solarzellen. So wurde beispielsweise ein Neubau in Neuchâtel in der Schweiz mit einer vorgehängten hinterlüfteten Fassade aus semitransparenten, bifazialen Modulen ausgestattet.

TIPP Solarelemente erlauben interessante Lichteffekte in den Räumen, die sie verschatten.

Eine andere, ästhetische Variante sind Solarmodule mit lamellenartigen Streifen aus Siliziumzellen. Bei ihnen entsteht nicht das typische Schattenmuster aus geometrischen Vierecken, sondern das Schattenbild einer Streifenjalousie. Allerdings sind solche Solarmodule dem Sonderbau zuzuordnen, weshalb sie teurer sind als kristalline Module mit Standardzellen.
Solche Schattenmuster sorgen für interessante Lichteffekte in den Räumen, die durch die Solaranlage verschattet sind. Zu sehen ist das Zellraster perspektivisch verzerrt je nach Winkel, in dem Sonnenlicht einfällt. Hier müssen der Architekt und Planer allerdings mit Bedacht agieren. Was unter einer Terrassenüberdachung oder im Flur eines Gebäudes als interessantes Lichtspiel daherkommt, kann an anderer Stelle störend wirken.
Das gilt ebenso für Solarmodule mit organischen Polymeren als solaraktive Substanz. Auch sie erlauben Verschattung. Bei ihnen hängt die Transparenz vom Füllgrad und der Farbe der Polymere ab – wenn sie die Modulfläche voll abdecken. Natürlich kann man organische Module auch so bauen, dass sich Flächen mit und ohne Polymer abwechseln. Auf diese Weise kann man die Schattenmuster sehr frei festlegen und eine eigene Ornamentik von Licht und Schatten erzeugen.
Prinzipiell sind semitransparente Module als Glas-Glas-Module ausgeführt, denn die Zellenmatrix liegt zwischen zwei Gläsern – egal ob kristalline oder organische Module. Anders als bei den Standardmodulen mit Rückseitenfolie haben sie auch auf der Rückseite eine transparente Glasplatte. Deshalb sind sie in der Regel schwerer als Glas-Folie-Module. Das ist bei der Statik der Unterkonstruktion zu beachten: Die stabile Unterkonstruktion kann aus Holz, Stahl oder Aluminium bestehen.

TIPP Glas-Glas-Module sind langlebiger als Glas-Folie-Module. Deshalb geben die Hersteller bis zu 30 Jahre Garantie. Und: Man kann sie in sehr großen Formaten herstellen, was die Spielräume zur Linienführung und zur Gliederung der Fassade erhöht.

Semitransparente Solarelemente eignen sich überall dort, wo sich hinter oder unter den Solarpaneelen genutzte Areale befinden. So können hinter einer Solarfassade Büroräume liegen oder ein Treppenhaus. Im Sommer würden großflächig verglaste Fassaden überhitzen, zudem wäre der Aufwand für den Sonnenschutz sehr hoch. Durch semitransparente Fassaden lässt sich ein Teil des Sonnenlichts für die Stromerzeugung nutzen, und die Räume bleiben angenehm temperiert. Durch den Grad der Transparenz lassen sich lichterfüllte Bereiche schaffen, die auch bei tief stehender Sonne im Winter gut ausgeleuchtet sind.
Häufig angewendet werden die transparenten Solarelemente für Überdachungen, mit denen man vor allem sommerliche Sonnenstände abfangen will. Das kann die Pergola im Garten sein, der Wintergarten oder die Überdachung von Carports oder Terrassen.
Zunehmend entdeckt die Landwirtschaft diese Module, denn sie erlauben doppelten Ertrag: Sonnenstrom und Ernte von Früchten, die unter den Modulen – auf Freiland oder im Gewächshaus – wachsen. Die Verschattung durch die Solarelemente schont die Böden und reduziert die Austrocknung, weil ein Teil der Sonnenenergie für Sonnenstrom verwendet wird.
Solche Überdachungen gelten als Überkopfverglasung. Sie sind entsprechend der technischen Normen (zum Beispiel DIN 18008) auszulegen und auszuführen. Diese Norm gilt auch für solare Fassaden, unabhängig, ob blickdichte oder semitransparente Module verbaut wurden. Weitere Details finden Sie im Kapitel 5 zur Planung.

Die Solarfassade am Unternehmenssitz des litauischen Herstellers von Architekturglas Glassbel in Klaipeda wurde mit unterschiedlich transparenten Modulen errichtet.
(© Glassbel)

Die Höhe der Transparenz von kristallinen Solarmodulen wird durch den Abstand der einzelnen Zellen zueinander bestimmt.
(© Aleo Solar)

Im modularen Forschungs- und Innovationsgebäude NEST an der Empa werden neuartige Bau- und Energietechnologien in einer realen Umgebung getestet, weiterentwickelt und validiert. Die transparenten Module in der Fassade des Gebäudes in Dübendorf in der Schweiz sind nicht nur Stromerzeuger, sondern auch Verschattungselemente für die Innenräume.
(Foto: Reinhard Zimmermann)

Die Zellen in den Modulen sind unterschiedlich dicht gesetzt. Auf diese Weise wirkt die Fassade aufgelockerter.
(© Velka Botička)

Die speziell angefertigten Module an der Fassade von Fronius im österreichischen Wels sind mit ihrem ganz eigenwilligen Layout zum Stilelement an der Fassade geworden.
(© Velka Botička)

Bisher noch selten: Bifaziale Module an einer Fassade. Der Abstand der Anlage zur weißen Fassadenoberfläche muss groß genug sein, damit das Licht reflektiert und auf der Rückseite der Module zur Stromproduktion genutzt werden kann.
(© CSEM SA/David Marchon)

Die semitransparenten Module sorgen dafür, dass die Räume weiterhin mit Tageslicht durchflutet sind. Unternehmenssitz von Glassbel in Klaipeda.
(© Glassbel)

Dieses Modul besteht aus vielen dünnen kristallinen Siliziumstreifen. Dadurch entsteht eine ganz eigene Lamellenoptik.
(© Velka Botička)

In Fluren und anderen überdachten Räumen sorgen die semitransparenten kristallinen Solarmodule für eine ganz eigene Lichtstimmung. An Arbeitsplätzen muss man vorsichtig mit solchen Mustern sein.
(© Solarterrassen & Carportwerk GmbH, www.solarcarporte.de)

Durch das Layout der Module imitiert das Solardach im restaurierten Giraffenhaus des Tierparks Schönbrunn in Wien die Blätter eines Akazienbaums. Die Säulen der Tragkonstruktion im Gehege sind die Stämme der Bäume.
(© ertex solar/Daniel Zupanc)

Transparente Dünnschichtmodule wie dieses Muster sorgen für eine vollflächige Verschattung und verhindern störende Schattenwürfe.
(© Velka Botička)

Wie hier können organische Solarfolien mit anderen Polymeren kombiniert werden, um Strukturen interessanter zu gestalten.
(© Velka Botička)

Mit organischen Solarfolien sind sämtliche Grenzen hinsichtlich Farbe, Form, Größe und Transparenz aufgehoben. Hier sind sowohl das Logo links als auch Teile der Konstruktion auf der rechten Seite mit organischen Folien solar aktiviert.
(© Velka Botička)

Semitransparente Module finden auch in der Landwirtschaft ihre Einsatzbereiche. Hier wurden die Folientunnel, die eigentlich die empfindlichen Himbeerpflanzen vor Wetterunbilden schützen, durch Solarmodule ersetzt.
(© BayWa r.e.)

Das Arrival Center Schönbrunn. Das Schloss und der Schlosspark Schönbrunn sind ein Touristenmagnet in Wien. Die Parkplätze wurden mit integrierten semitransparenten Modulen überdacht. Damit zeigt die Stadt deutlich, dass sie in Zukunft auf mehr Photovoltaik setzt. Die Module liefern auch den Strom für die ebenfalls integrierten Ladesäulen für Elektroautos.
(© ertex solar/Dieter Moor)

Bei dieser Anlage war die Nutzung von semitransparenten Modulen Teil des gesamten Energiekonzepts. Mit dem Strom aus der dachintegrierten Anlage trocknet der Landwirt Heu für seine Tiere. *(© ENdorado GmbH)*

Die Heutrocknungsanlage von innen:
Der Landwirt nutzt den Wärmeeintrag der Sonnenenergie, um die Temperatur der Luft zu erhöhen, mit der er das Heu trocknet. *(© Velka Botička)*

3.1.4 Freiheit in Form und Größe

Eine Hürde für die Photovoltaik auf dem Weg in die Fassade war die Begrenzung der Solarmodule auf vorgegebene Standardgrößen und die typische rechteckige Form. Auch hier hat sich in den vergangenen Jahren viel getan. Inzwischen ist die Fertigung von Solarmodulen in allen erdenklichen Größen und Formen möglich. Bei kristallinen Solarmodulen ist die kleinste Baugröße durch die Dimensionen der Solarzelle begrenzt. Dagegen sind der Größe nach oben kaum Grenzen gesetzt – bis 6 m² und mehr kann ein Solarelement erreichen. Allerdings wiegt es dann einige hundert Kilogramm und muss per Kran bewegt werden – wie große Glaselemente auch.
Selbst bei den Formen gibt es keine Grenzen. Ob rund, dreieckig, quadratisch oder rechteckig – alles ist möglich. Bei Dünnschichttechnologien ist dies einfacher. Denn sie sind nicht durch die vorgegebenen Maße der quadratischen Solarzellen begrenzt. Dünnschichtmodule bestehen aus hunderten sehr kleinen Zellen, die per Nadeln oder Laser aus der Beschichtung geschnitten werden. Das erlaubt mehr Spielraum bei der Geometrie.

Die Fassade am Produktionsstandort von Fronius im österreichischen Pettenbach zeigt, dass hinsichtlich der Größe die gleichen Grenzen gelten wie für herkömmliche Glasfassaden auch. Die größten Module für diese Fassade sind 2,70 m breit und 3,50 m hoch.
(© ertex solar/Dieter Moor)

Für diese Fassade hat der Hersteller Module in unterschiedlichen Größen produziert, damit sie in das Fassadenraster passen.
(© Velka Botička)

Leicht gebogene Fassaden sind selbst mit kristallinen Solarmodulen kein Problem mehr. Solche Leichtbaumodule können so weit gebogen werden, dass sie Radien von bis zu zwei Metern umspannen. Wenn es kleiner wird, kommen die Solarzellen an ihre Grenzen. Dann muss der Architekt auf Dünnschicht ausweichen.
(© Inhouse – DAS Energy)

Für die Fassade dieses Gebäudekomplexes in der Seestadt Aspern in Wien hat Ertex Solar Solarmodule als Verbundsicherheitsgläser in verschiedenen Formaten hergestellt. Bei den Solarpaneelen, die die Geschossebenen voneinander trennen, nähert sich der Hersteller mit 1,33 m x 1,75 m an das quadratische Format an.
(© ertex solar)

Die Solarmodule für die Fassade dieses Gebäudes in Zürich haben die Planer des Architekturbüros Huggenbergfries zusammen mit dem Modulhersteller Ertex Solar entwickelt. Nicht nur die spezielle Farbe, auch die Form der Solarmodule waren Teil des Gestaltungskonzepts des Gebäudes.
(© Velka Botička)

3.1.5 Polymerfolien

Ganz neu sind folienartige organische Solarelemente, die sich faktisch jeder Geometrie des Baukörpers anpassen. Ihr Wirkungsgrad ist vergleichsweise gering, dafür sind sie leicht und sehr einfach anzubringen. Das geringe Gewicht erfordert meist keine statisch anspruchsvollen Montagegestelle, zudem bringen sie keine zusätzlichen Lasten in die Gebäudekonstruktion ein.

Die organischen Solarelemente lassen erstaunliche optische Effekte zu, bieten alle denkbaren Farben und Muster bis hin zu frei gestaltbaren Flächen. Es ist aber zu beachten, dass bislang nur wenig Erfahrungen mit ihrer Langlebigkeit vorliegen. Deshalb sind die Datenblätter bezüglich Garantien und Gewährleistung genau zu studieren. Der elektrische Anschluss solcher Solarfolien ist mit der üblichen Leistungselektronik für Solarmodule nicht zu machen, auch das ist im Vorfeld abzuklären.
Organische Solarfolien werden direkt auf den Betonkörper, Aufputz oder auf Baumaterialien wie Holz aufgebracht. Die Folien werden auch zwischen Gläser laminiert. Auf diese Weise entsteht ein solaraktives und semitransparentes Verbundglas. Da die Transparenz vollflächig realisiert wird, entsteht kein störender Schattenwurf. Auf diese Weise sind einerseits transparente und solaraktive Fensterscheiben in unterschiedlichsten Farben möglich. Andererseits sind die organischen Solarfolien innerhalb des Glasverbundes gut geschützt, was der Langlebigkeit zuträglich ist.

TIPP Organische Solarelemente erzeugen keinen störenden Schattenwurf – obwohl sie lichtdurchlässig sind.

In den nächsten Jahren und Jahrzehnten wird diese recht junge Gruppe der Solarelemente eine beträchtliche Dynamik entfalten und den Architekten völlig neue Möglichkeiten an die Hand geben. Die Hersteller verfolgen die Strategie, die organischen Solarfolien als Halbzeug an die Produzenten von konventionellen Baumaterialien zu liefern. Diese veredeln ihre Produkte mit den Folien zu solaraktiven Bauelementen.

Diese Fassadenelemente aus Metall wurden mit organischen Solarfolien aktiviert. Auf diese Weise finden sie leichter den Weg in die Fassade.
(© Velka Botička)

Organische Solarfolien können auf allen konventionellen Baumaterialien aufgebracht werden.
(© Velka Botička)

Die Putzfliesen sind nicht aufgeklebt, sondern in die Putzebene integriert.
(© ARMOR solar power films GmbH)

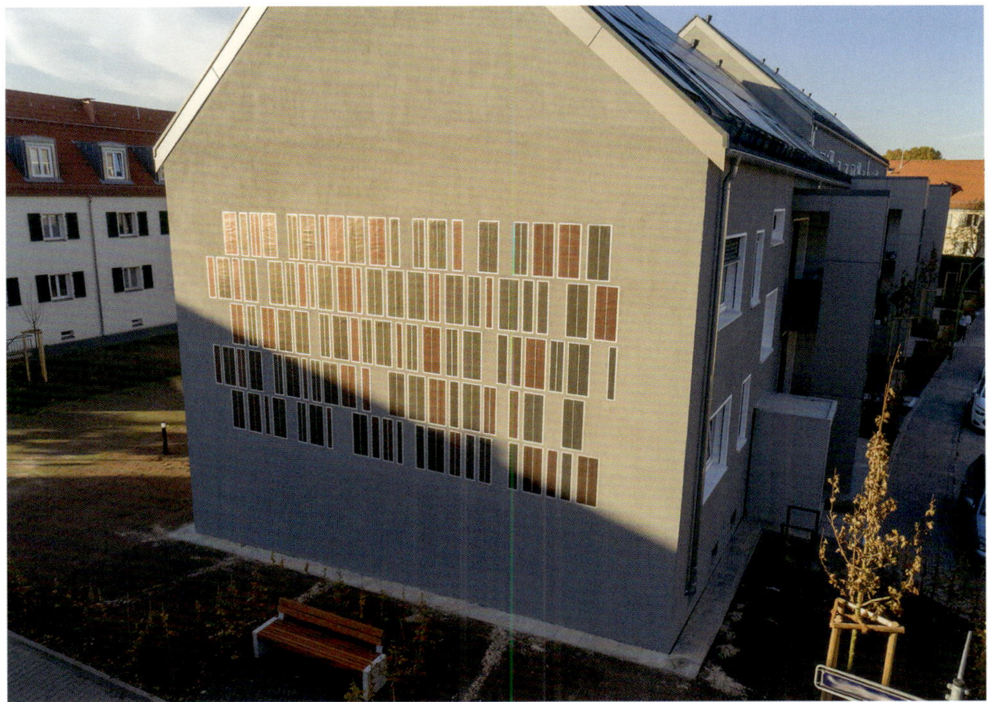

Ein solarer Farbtupfer an einer Putzfassade. Die organischen Solarfliesen sind eine gute Alternative zu den herkömmlichen Farbanstrichen, um Abwechslung in einfarbige Fassaden zu bringen.
(© ARMOR solar power films GmbH)

Semitransparenz und Farbvarianten sind mit organischen Solarfolien problemlos möglich. Selbst das Layout der dünnen Leitungsbändchen kann an die Vorlieben des Architekten angepasst werden. Er kann es als Gestaltungsmittel nutzen.
(© Merck)

Die organischen Solarfolien können auch mit transparenten Polymerleitungen verschaltet werden. Dann wird die Solartechnologie komplett unsichtbar.
(© Merck)

3.2 Überdachungen: Terrassen, Wintergärten und Carports

Anders als die Dächer von Gebäuden sind Überdachungen meist optisch im Straßenbild wirksam. Teilweise werden sie in Form von Vordächern genutzt, um die untere Ebene von Fassaden aufzuwerten und interessant zu gliedern. Auch hier bietet sich die Solartechnik an, um wertvollen Sonnenstrom mit relativ geringem Aufwand zu erzeugen.

Die Überdachung mit solaraktiven Elementen wird in der Regel durch zertifizierte Solarmodule in Standardformaten gestaltet. Es lassen sich auch kundenspezifisch angefertigte Module nutzen – etwa wenn die Überdachung um eine Gebäudeecke herumreicht. In beiden Fällen sind es vorzugsweise Glas-Glas-Module oder Glas-Folie-Module, die wie Überkopfverglasungen geplant werden. Es gelten dieselben Regeln für die Auslegung.

TIPP Solare Überkopfverglasungen werden nach den gleichen Regeln geplant und installiert wie klassische Überkopfverglasungen.

Je nach Nutzung des Areals unter der Verglasung setzt man Standardmodule mit vollflächiger Abdeckung der Solarzellen oder semitransparente Solarmodule ein.
Faktisch lässt sich jede Überkopfverglasung mit solaraktiven Paneelen ausführen, wenn sie ausreichend von der Sonne beschienen wird. Auch nachträglich lassen sich solare Überdachungen anbringen.
Sie sind beispielsweise für Parkhäuser in Citylage bedeutsam: Das meist freie Oberdeck erhält eine solare Überdachung, um Sonnenstrom für die neuen E-Ladesäulen zu erzeugen. Weil Parkhäuser große Dächer (und Fassaden) anbieten, können sie erhebliche Mengen Sonnenstrom liefern, bis zu etlichen Gigawattstunden pro Jahr. Das ist ein wesentliches Argument für ihre Wirtschaftlichkeit, wenn die Zahl der Fahrer (und Parker) von E-Autos wächst.
Oder: Bislang unbedachte Parkplätze im öffentlichen oder halböffentlichen Bereich oder für Unternehmen werden nachträglich mit solaren Carports überdacht, um sauberen Strom für die E-Autos zu erzeugen. Bislang schlecht verwertete Flächen erhalten auf diese Weise ein neues Geschäftskonzept, das Einnahmen generiert.
An Wohngebäuden lassen sich weit vorgezogene Terrassendächer oder Balkone nutzen, um Sonnenstrom mit geringem Aufwand zu produzieren – ohne dass die darunterliegenden Areale völlig im Schatten verschwinden.

TIPP Semitransparente Solarmodule sind saubere Generatoren und cleverer Sonnenschutz zugleich.

Dieser Carport erzeugt einen Teil des Stroms, der in das Elektroauto fließt.
(© KIOTO Photovoltaics – Eine Marke der SONNENKRAFT)

Mit semitransparenten Modulen überdachte Terrassen lassen sich gleich mehrere Ziele erreichen. Sie verschatten den Terrassenbereich und sorgen für eine ganz spezielle Lichtstimmung. Sie produzieren gleichzeitig Strom, der vor Ort verbraucht werden kann.
(© Solarterrassen & Carportwerk GmbH, www.solarcarporte.de)

Semitransparente Module sorgen als Überdachung von großen Parkflächen dafür, dass diese mit Tageslicht beleuchtet werden. Hier müssen die Module die Normen für Überkopfverglasung erfüllen – am besten mit einer allgemeinen bauaufsichtlichen Zulassung durch das Deutsche Institut für Bautechnik.
(© SOLARWATT/Dräxlmaier)

3.3 Solare Eindeckungen

Darunter versteht man Solarelemente, die anstelle der bisher üblichen Dachziegel, Dachsteine, Dachfolien oder Dachpappen zum Einsatz kommen. Sie ersetzen die passiven Eindeckungen, die lediglich dem Witterungsschutz und Brandschutz des Gebäudes dienen – und ergänzen sie um die Generatorfunktion.

Nicht behandelt werden an dieser Stelle die sogenannten Aufdachsysteme, weil sie in der Regel nachträglich auf ein bestehendes Dach aufmontiert werden. Das ist meist der einfachste Weg, um eine Dachfläche – Flachdach oder Schrägdach – für Sonnenstrom

zu nutzen. Auch mit Aufdachsystemen lassen sich homogene Deckbilder erreichen. Das geht bspw. mit sogenannten Einlegesystemen. Dabei werden die Module nicht mit äußerlich sichtbaren Klemmen befestigt. Vielmehr werden sie über die gesamte Breite in eine Montageschiene eingelegt. Diese Systeme bieten eine optisch ansprechende Lösung, um nachträglich die Solaranlage in ein Schrägdach zu montieren.
Als Teil der Dachoptik – und damit klassische Aufgabe der Architekten – sind aber vor allem solare Eindeckungen interessant, die den Regenschutz und die Dichtheit übernehmen, also in der wasserführenden Ebene des Daches liegen. Darunter wird eine Unterspannbahn gezogen, um den Schutz gegen Niederschläge zu komplettieren.
Wichtig bei solaren Eindeckungen ist die Zugänglichkeit der elektrischen Anschlüsse der einzelnen Solarelemente. Sie müssen regelmäßig geprüft und gewartet werden. Man unterscheidet prinzipiell zwei Arten von dachintegrierten Systemen: Indachsysteme mit Standard- oder Sondermodulen und den klassischen Dachsteinen bzw. Dachziegeln nachempfundene Solarelemente.
Sehr oft wird übersehen, dass für Umbauten am Dach spezielle Vorschriften zum Brandschutz gelten. Die Landesbauordnungen schreiben in der Regel sogenannte harte Bedachungen vor, die widerstandsfähig gegen strahlende Wärme und Flugfeuer sind. Dazu gehören Ziegel, Blechdächer und bestimmte Abdichtungen, die über entsprechende Zulassungen verfügen. Wird die Solaranlage aufs Dach gesetzt, braucht man den Brandschutz nicht neu nachzuweisen. Bei Generatoren als Ziegelersatz muss ein Prüfzeugnis vorgelegt werden, dass das Dach mit Solaranlage die Anforderungen an die harte Bedachung erfüllt. In der Regel liefern die Modulhersteller solche Nachweise. Entsprechend sollten Planer bei der Auswahl der Module darauf achten.

TIPP Die solare Eindeckung nutzt die statischen Reserven des Daches besser aus und spart die Kosten für eine separate Ziegeleindeckung. Auch wirkt sie optisch besser, vor allem mit schwarzen, monokristallinen Solarmodulen in einem Dach mit schwarzen Ziegeln. Solche Systeme sind nicht nur für kleine Dächer geeignet. Damit kann man auch große Fabrikdächer veredeln.

3.3.1 Indachsysteme für Solarmodule

Flachdächer und Schrägdächer gibt es in den verschiedensten Bauformen, mit regionaler Ausprägung und historisch favorisierten Baustoffen. Das Dach ist der Teil des Gebäudes, aus dem die meiste Wärme entweicht. Es ist besonders gut zu dämmen. Die Dämmplatten sind gut abzudichten, damit sie durch Niederschläge nicht durchfeuchten. Die Unterspannbahn sichert die Regensicherheit der Dacheindeckung.
Auch die Dämmung braucht eine Dampfsperre zu den Stockwerken hin, damit sich kein Wasserdampf in der Dämmschicht abschlägt. Kritische Punkte sind die Züge von Schornsteinen und Kaminen sowie Lüftungskanäle.
Ein Solarmodul wiegt etwa 10 bis 12 kg/m^2. Vorzugsweise nutzt man sie als solare Eindeckung von Schrägdächern. Bislang trauen sich nur wenige Architekten und Planer, die Solargeneratoren als Dacheindeckung zu verwenden.

TIPP Mittlerweile sind ausreichend erprobte Montagesysteme im Markt erhältlich, deren Hersteller die Dachdichtheit und Regensicherheit bei ordnungsgemäßer Ausführung durch einen Dachdeckerbetrieb garantieren.

Die Anschlüsse an die Dachumgebung, die Ortgänge, den First, die Traufe und an andere Elemente wie Dachfenster werden mit passenden Blechelementen ausgeführt. Diese werden auf der Baustelle zugeschnitten.
(© Velka Botička)

Die Solarelemente können in die Dachhaut integriert werden. Sie ersetzen dann die herkömmlichen Dachziegel und werden zur wasserführenden Schicht.
(© SOLARWATT GmbH)

Nicht immer sind Sonderanfertigungen notwendig. Um die Kosten zu sparen, können sogenannte Dummymodule eingesetzt werden. Das sind farblich passende Blechelemente, mit denen Ecken gefüllt werden, in die keine Solarmodule passen, wie dieses Dach der Josef-Freinademetz-Kirche in Milland, Italien, zeigt. Architekt der Kirche: Othmar Treffer, Bruneck.
(© Velka Botička)

Oftmals sind solare Indachsysteme geeignet, um die Dachsanierung auch unter den strengen Auflagen des Denkmalschutzes zu ermöglichen. Optisch unauffällige Randbereiche und Übergänge vom Solarfeld zur normalen Eindeckung lassen sich durch Bleche oder Blindelemente herstellen.

3.3.2 Solare Dachziegel und Dachsteine

Solare Dachziegel führen bislang ein Nischendasein. Die Zahl der Projekte ist überschaubar, aber wächst stetig. Vor allem bei denkmalgeschützten Gebäuden oder in Gebäudeensembles mit Auflagen des Denkmalschutzes haben sie eine Chance. Denn sie lassen sich den konventionellen Ziegeln in Form und Farbe so ähnlich nachempfinden, dass niemand ein Solardach vermuten würde.

Eindeckungen mit solaren Dachziegeln bestehen aus sich überlappenden Ton- oder Kunststoffziegeln von normaler Ziegelgröße, auf denen die Solarzellen aufgeklebt oder befestigt sind. Sie nutzen die bekannte Dachlattung in klassischer Weise. Neben den solaren Ziegeln mit einer oder zwei Solarzellen gibt es ziegelähnliche Solarelemente mit acht und mehr Solarzellen, die sich in die Ziegeleindeckung einfügen lassen. Sie wirken optisch wie die Ziegel, sind elektrisch aber mit geringerem Aufwand zu verkabeln.

Ihr Vorteil: Die solaren Dachziegel oder Dachsteine werden wie klassische Ziegel oder Dachsteine verbaut. Das kann jeder Dachdecker erledigen. Der rückseitige elektrische Anschluss ist sehr einfach. Nur den Anschluss des Solargenerators an den Wechselrichter oder eine Speicherbatterie muss ein Elektrofachbetrieb ausführen, ihm bleibt auch die Inbetriebnahme der Anlage vorbehalten.

TIPP Dachdecker und Elektriker müssen vorher genau abstimmen, wo und wann die Gewerke ihre Arbeiten übergeben.

Damit es keine Missverständnisse und Bauverzögerungen gibt, sollte vorher genau geklärt werden, an welcher Stelle der Dachhandwerker an die Elektrofachkraft übergibt. Dementsprechend verschieben sich die Gewährleistungen. Ist der Dachhandwerker nur für die Montage der Dachziegel verantwortlich, übergibt er die Arbeit an den Elektriker dort, wo die Kabel ins Gebäude geführt werden. Der Elektriker ist auch für die Zuleitung zum Wechselrichter verantwortlich.

Die solaren Dachziegel fristeten bisher ein Nischendasein, weil der Aufwand der Verschaltung zu hoch war. Doch die ersten Hersteller haben darauf reagiert und ersetzen mit größeren Solarelementen gleich mehrere konventionelle Dachziegel. Hier: Planum PV. (© Dachziegelwerke Nelskamp GmbH)

Beim Einsatz solarer Dachziegel braucht man keine gesonderten Aussparungen für Dachfenster, Kamine oder Lüftungsausgänge vorsehen wie bei Indachsystemen mit Solarmodulen. Das größte Interesse kommt von Denkmalschutzbehörden und Architekten, die sich besonders um die Pflege des Altbestandes bemühen. Wenn Erker, Türmchen oder abgesetzte Dächer saniert werden, fällt es oft leicht, die Kunden von den solaren Dachziegeln zu überzeugen. Gesonderte Rastermaße müssen nicht eingehalten werden.

TIPP Solarziegel sind in roter, schwarzer und Terrakotta-Optik verfügbar.

Einen Nachteil haben sie: Sie benötigen sehr viele Kontakte und Steckverbinder, um sie im String zu verschalten. Zwar sind die Spannungen und Ströme relativ klein, aber je nach Dachgröße und Ziegelanzahl summieren sich die Kontakte und Steckverbinder auf einige Tausend.
Im Laufe von 20 Jahren korrodieren die Kontakte, es wirken sich Verschleiß und Ermüdung in der Verkabelung aus. Deshalb muss man diese Dächer – wie alle Solargeneratoren – regelmäßig überwachen.

TIPP Der Austausch eines defekten Solarziegels ist in der Regel genauso einfach, wie bei einem klassischen Dachziegel.

3.4 Denkmalschutz

Gegebenenfalls redet der Denkmalschutz auch bei der Solaranlage auf dem Dach ein Wörtchen mit. In vielen Ämtern der Unteren Denkmalbehörde setzt sich langsam die Erkenntnis durch, dass Sonnenstrom zur zeitgemäßen Bauerhaltung gehört bzw. nicht im Widerspruch zum Denkmalschutz steht.
Speziell für denkmalgeschützte Gebäude bietet der Solarmarkt zunehmend Produkte an, um die Solarzellen möglichst unauffällig in die historischen Dächer zu integrieren. Bei Dachziegeln mit integrierten Solarzellen kann man von der Straße kaum erkennen, dass die Ziegel zugleich Strom erzeugen. Indachsysteme sind erste Wahl, um die Solarpaneele optisch unauffällig ins Dach einzubetten. Umfangreiche Möglichkeiten, sich an die Eigenheiten der regionalen Bauweise anzupassen, bieten farbige Solarmodule. Das bedeutet nicht automatisch, dass die Verhandlungen mit der Unteren Denkmalbehörde zur Baugenehmigung dadurch einfacher werden.

TIPP Man sollte die Behörde schon zu Beginn der Planungen für eine solare Dachsanierung einbeziehen. Hilfreich sind regionale Referenzobjekte, die gelungene Sanierungen bezeugen.

Zu beachten ist die unauffällige Kabelführung vom Solardach ins Gebäude. Dafür eignen sich stillgelegte Kamine und Abzüge besonders gut. Auch der Blitzschutz sollte möglichst unauffällig integriert werden, zumal er auf denkmalgeschützten Wohngebäuden oft fehlt.

Diese Module wurden angefertigt, weil der Denkmalschutz nur die Farbe Terracotta zugelassen hat. Sogar die Alterung der Dachziegel wurde bei der Entwicklung der Module mit eingerechnet. So sind sie von den bisher im Ort genutzten Dachziegeln farblich nicht mehr zu unterscheiden. Ein Pilotprojekt in Ecuvillens, FR (Schweiz).
(© CSEM SA/Patrick Heinstein)

Am Rande des kleinen Örtchens Affoltern im schweizerischen Kanton Bern wurde ein altes und unter Denkmalschutz stehendes Gebäude komplett saniert. Dabei wurden die originalen Baumaterialien weitgehend erhalten. Allerdings wurde das gesamte Gebäude mit modernsten Mitteln gedämmt und auf Niedrigstenergiestandard gebracht. Die Energieversorgung übernimmt jetzt eine große Indach-photovoltaikanlage, die gleichzeitig die Dacheindeckung ist.
(Planung, Bau und Bild by www.clevergie.ch)

4

Technik der Montage

In diesem Kapitel geht es nicht um die Technik der Photovoltaik, sie wurde am Anfang dieses Buches erläutert. Hier geht es um die Montagetechnik, um die Solarelemente auf oder im Dach sowie an der Fassade dauerhaft und zuverlässig zu installieren. Generell gelten alle Vorschriften des Dachdeckerhandwerkes und des Handwerks der Fassadenbauer – ohne Einschränkung. Die Solarelemente als neue Produktgruppe ordnen sich diesem Regelwerk unter.

4.1 Dachmontage

Prinzipiell sind alle Dächer für solare Systeme geeignet, sofern sie nicht dauerhaft durch benachbarte Bauten oder Bäume verschattet sind. Fast alle Ausrichtungen sind möglich: gen Süden, Osten und Westen. Nach Osten und Westen ausgerichtete Photovoltaikdächer haben zwar einen etwas geringeren Stromertrag als Südgeneratoren. Aber im Tagesverlauf erzeugen sie zwei Ertragsspitzen: am Vormittag und am späten Nachmittag. Das passt unter Umständen besser zum Stromverbrauch des Gebäudes und seiner Nutzer als eine steile Erzeugungsspitze über die Mittagszeit (Süddach).

Normalerweise werden die Solarmodule auf die Dacheindeckung montiert. Dann spricht man von Aufdachanlagen. Die statischen Kräfte (Eigengewicht der Solartechnik und Schneelasten) und die dynamischen Kräfte (Windlasten, thermische Spannungen) müssen vom Dach zusätzlich zur eigentlichen Dachkonstruktion und ihrer Eindeckung aufgenommen werden.

Bei Indachsystemen und solaren Dachziegeln werden die Solarelemente als Bauteile anstelle der klassischen Eindeckung genutzt. Auch müssen sie alle Anforderungen an harte Bedachung erfüllen.

Jeder Dachtyp hat seine Eigenheiten, deshalb ist die Montage kundigen Experten vorbehalten, im besten Falle einem Fachbetrieb des Dachdeckerhandwerks. Solarteure und Elektrohandwerker haben meist einen Dachdeckermeister im Unternehmen, oder sie kooperieren mit Fachbetrieben.

> **TIPP** Entscheidend ist, dass die Unterkonstruktion des Daches ausreichend tragfähig ist.

Sie muss nicht nur das Eigengewicht der Solarmodule aufnehmen, die zwischen 16 kg und 24 kg wiegen. Ihr Flächengewicht beträgt 10 bis 12 kg/m^2. Hinzu kommen zusätzliche Lasten aus Wind, Schnee und thermische Spannungen. Sie sind nicht zu unterschätzen, weshalb ein Statiker die Aufdachinstallation durchrechnen und freigeben muss.

> **TIPP** Bevor eine Photovoltaikanlage vom Planer oder Installateur berechnet werden kann, muss er sich das Dach fachmännisch anschauen. Das schützt vor unliebsamen Überraschungen.

Bei der Begehung vor Ort lässt sich leicht feststellen, ob das Dach verschattet ist. Teilverschattung ist kein Problem, die vollständige Verschattung der Solarmodule hingegen durchaus. Flachdächer und Schrägdächer gibt es in den verschiedensten Bauformen, mit regionaler Ausprägung und historisch favorisierten Baustoffen. Kritische Punkte sind die Züge von Schornsteinen und Kaminen sowie Dachöffnungen wie bspw. Lüftungskanäle.

Mit der solaren Indachanlage kommt ein weiteres Gewerk auf die Baustelle. Deshalb sollte vorher geklärt werden, wo der Elektrohandwerker vom Dachdecker übernimmt.
(© SOLARWATT GmbH)

Indachanlagen können in luftigen Höhen ihre Vorteile ausspielen. Denn da sie in die Dachhaut integriert und linear gelagert sind, vertragen sie höhere Wind- und Schneelasten.
(© Aleo Solar)

Bei der Begehung vor dem Baubeginn lässt sich feststellen, ob die Module verschattet sind. Hier wirft die alte Linde in den frühen Morgenstunden einen Schatten auf das Dach. Der verschwindet aber, wenn die Sonne in den nächsten Stunden weiterwandert.
(© SOLARWATT GmbH)

Durch Photovoltaikanlagen wird das Dach zum Solargenerator. Dachfläche bedeutet nicht mehr nur, dass man so und so viele Quadratmeter Ziegel oder Trapezblech auflegen muss. Die Dachfläche lässt sich in Kilowatt oder Megawatt ausdrücken, ihr Solarertrag in Kilowattstunden, Megawattstunden oder Gigawattstunden.

In alpinen Lagen gelten besondere Anforderungen an die Schneelasten im Winter. Auch sind die Solarmodule gegen Hagelschlag zu prüfen. Das übernehmen in der Regel die Hersteller. Der Planer muss vor allem auf ausreichende Zertifizierung achten. In den Regionen des Alpenvorlandes und in den Bergen sollte die geprüfte Widerstandsklasse mindestens HW 4 (Hagelkörner mit 40 mm Durchmesser) erreichen.
Ein Sonderfall sind Dächer, die mit Asbest belastet sind. Das trifft auf Bauten der jüngeren Zeitgeschichte zu, die nach dem „Wirtschaftswunder" entstanden sind. Um Asbestdächer zu sanieren, muss man zugelassene Spezialbetriebe konsultieren. Sie sind nach den Technischen Richtlinien zur Gebäudesanierung (TRGS) 519 für diese Aufgabe qualifiziert. Statt des alten Daches kann man beispielsweise Trapezblech auflegen. Mithilfe des selbst erzeugten Stroms aus der Solaranlage lassen sich die Mehrkosten gut darstellen.

> **TIPP** Solaranlagen sind oft hilfreich, um die Kosten einer Asbestsanierung des Daches zu decken.

4.1.1 Aufdachsysteme

Bei Aufdachsystemen wird das Gebäude durch die klassische Eindeckung vor Regen, Wind und Schnee geschützt. Die Solarsysteme werden hinzugefügt, oft nachträglich. Wird die Solaranlage aufs Dach gesetzt, braucht man den Brandschutz nicht neu nachzuweisen.
Einen Aufdachgenerator zu planen und zu installieren, gehört eigentlich nicht zu den Aufgaben von Architekten, eher in die Expertise von Gebäudeplanern und Solarplanern. Die Lastreserven und ihre Ausnutzung werden von einem Statiker nachgewiesen.

> **TIPP** Aufdachanlagen sind in der Regel sehr einfach zu installieren – auch nachträglich. Deshalb sollte man diese Möglichkeit zunächst prüfen, bevor Indachsysteme in die engere Wahl kommen.

Interessant für Architekten sind die Implikationen, die mit der solaren Nutzung von Dächern einhergehen: So kann der Sonnenstrom genutzt werden, um Ladesäulen für E-Autos zu versorgen. Parkplätze für E-Autos mit der entsprechenden Ausstattung gehören zum Tagesgeschäft der Architekten, denn Parkflächen sind vor allem im innerstädtischen Ensemble oft erheblichen Auflagen zur Genehmigung unterworfen.

4.1.1.1 Flachdächer

Flachdächer stellen mitunter enorme Flächen zur Verfügung, die sich für Solargeneratoren eignen. Allerdings haben sie oft nur geringe Tragreserven, denn solche flachen Dächer sind als Folien-, Bitumen- oder Trapezblechdächer ausgeführt.
Am einfachsten ist es, die Solarmodule dachparallel aufzulegen und zu befestigen. Das ist für den solaren Ertrag ungünstig, weil die Solarmodule optimal zwischen 10° und 35° aufgestellt zur Sonne stehen sollten, nach Süden, Osten und Westen, je nach Ausrichtung des Daches. Deshalb werden Solarmodule auf Flachdächern in der Regel aufgeständert.

> **TIPP** Aufgeständerte Solarmodule auf dem Flachdach erhöhen die angreifenden Kräfte durch Wind und Schnee mitunter erheblich. Daraufhin ist die Dachstatik unbedingt zu prüfen.

Die einfachste Variante der Installation einer Flachdachanlage ist, die Module einfach dachparallel zu verlegen. Dadurch passt viel Leistung auf das Dach, aber die Ausrichtung zur Sonne ist nicht perfekt. Hier eine PV-Anlage auf dem Dach des CoopMegastores in Dietikon.
(© EKZ Elektrizitätswerke des Kantons Zürich)

Die Ballastierung der Anlagen auf dem Flachdach mit Betonsteinen ist wichtig für die Standsicherheit. Sie muss gut abgestimmt sein auf die Wind- und Schneelasten vor Ort und die Resttragfähigkeit des Daches. Reicht diese nicht aus, gibt es die Möglichkeit, die Anlage mit einer Dachdurchdringung zu fixieren.
(© Velka Botička)

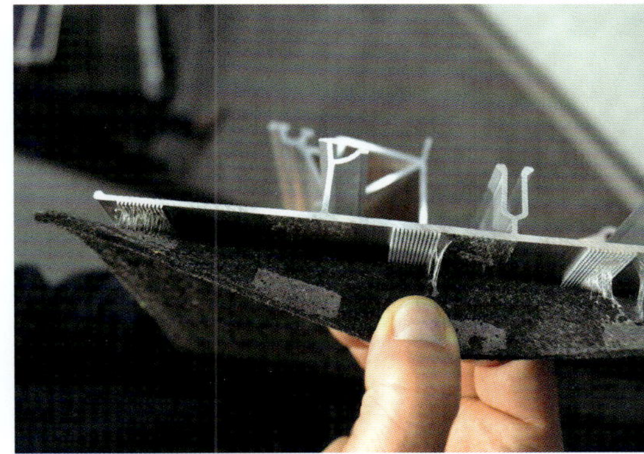

Die Montagesysteme sind in der Regel mit Bautenschutzmatten ausgestattet, damit die Dachhaut nicht beschädigt wird.
(© Velka Botička)

Das hat zur Folge, dass der Wind eine größere Angriffsfläche findet als beim unbebauten Flachdach. Diese zusätzlichen Windlasten sind über die Dachkonstruktion abzuleiten. Bei Foliendächern können ballastierte Montagesysteme dazu führen, dass die Kräfte über die Dachhaut abgestützt werden, die dafür nicht ausgelegt ist. Die Folgen sind Verformungen, Verwerfungen und Risse, mit eindringender Feuchtigkeit.

Deshalb sind die ballastierten Systeme sehr genau auf die Beschaffenheit der Dachhaut auszulegen. Die Hersteller der Montagesysteme statten sie in der Regel mit Bautenschutzmatten aus, die verhindern, dass die Unterkonstruktion auf der Dachhaut scheuert. Diese Bautenschutzsysteme müssen wiederum zum Material der Dacheindeckung passen, damit es zu keinen chemischen Reaktionen zwischen beiden kommt. Bewährt hat sich hier die Kaschierung mit Aluminiumfolie.

TIPP Das Gewicht der Ballastierung ist nicht zu unterschätzen. Wer hier spart, spart am falschen Ende und riskiert die Standfestigkeit des Solargenerators sowie teilweise erhebliche Schäden am Dach.

Das Auflagegewicht der Metallgestelle und der Ballaststeine ist zudem direkt durch die unter der Dachhaut liegenden Träger abzufangen. Der Ballastierungsplan richtet sich also nach den Windverhältnissen, der Größe des Generators und der Unterkonstruktion des Daches.

Nur selten, etwa in Regionen mit starken Winden, verankert man die Solargestelle durch Bolzen in der Unterkonstruktion des Daches. Das ist viel aufwendiger, vor allem bei großen Dächern mit hunderten oder tausenden Verankerungspunkten. Sie bergen das Risiko späterer Undichtigkeiten und müssen sehr sorgfältig ausgeführt werden.

Bei Trapezblechdächern werden die Montageschienen der Solargestelle meist auf die Hochsicken geschraubt, mit geeigneten und speziell dafür zugelassenen Blechschrauben.

4.1.1.2 Gründächer

Gründächer sind Flachdächer, die über der Eindeckung mit einem Bewuchs aus Moosen, Flechten und niedrigen Pflanzen ausgestattet sind. Sie sollen das Mikroklima in städtischen Ballungsräumen verbessern.

Gründächer lassen sich meist gut für Photovoltaikanlagen nutzen. Dazu sind besondere Anforderungen zu beachten, um die Solarmodule stabil auf dem Dach zu verankern. Dieser Aufwand wird durch den preiswerten Sonnenstrom wettgemacht, der letztlich die Stromkosten des Gebäudes senken kann.

Die Schüttung des Gründachs mit Kies eignet sich beispielsweise gut, um die Aufständerung der Solarmodule zu ballastieren. Dadurch werden sie gegen die Windlasten abgesichert. Auch haben Pflanzen einen kühlenden Effekt, was sich positiv auf den Solarertrag einer Photovoltaikanlage auswirkt. Hilfreich ist zudem die kühlende Hinterlüftung der Solarmodule durch den Wind.

Manche Flachdächer haben lediglich eine Dachbegrünung in Form von Topfpflanzen oder Ähnlichem. Sie werden nicht als Gründach bezeichnet. Gründächer erfordern einen speziellen Dachaufbau, um Erde und Kies flächig und regensicher aufzunehmen und um die Feuchtigkeit in diesen Schichten zu halten. Meist sind sie mit einer Dachwanne unterlegt.

TIPP Gründächer und Solardächer gehen eine Symbiose ein. Sie schließen sich nicht aus, im Gegenteil. In vielen Metropolen werden Gründächer sogar vorgeschrieben. Dort liegt die zusätzliche Nutzung für Sonnenstrom förmlich auf der Hand.

4.1.1.3 Schrägdächer

Bei Schrägdächern schraubt der Installateur spezielle Dachhaken in die Lattung der Unterkonstruktion, um die Module über den Ziegeln einzuhängen und zu verschrauben. Das ist das Tagesgeschäft des Solarteurs. Auch hier muss die Dachkonstruktion die zusätzlichen Gewichte und Windlasten aushalten. Der Nachweis ist durch den Statiker zu bestätigen.

Auf Schrägdächern installiert man die Photovoltaikmodule in der Regel dachparallel. Denn die Dachschrägen machen die gesonderte Aufständerung zur Sonne überflüssig. Nur ausnahmsweise sieht man am Schrägdach aufgeständerte Solarmodule. Das wirkt optisch ungünstig, und oft werden die Windlasten unterschätzt.

TIPP Die Auslegung und Planung sowie die Installation der dachparallelen Schrägdachsysteme kann der Architekt getrost dem Solarteur überlassen.

Lediglich bei der Führung der Generatorhauptleitung vom Dach zum Haustechnikraum und bei speziellen Fragen des Brandschutzes bzw. des Denkmalschutzes könnte Bedarf zur näheren Abstimmung entstehen.

Abschließend ein kurzer Überblick über den Einfluss von Ausrichtung und Neigung von Schrägdächern auf die Solarerträge, hier optimal mit 824 kWh/kW Solarleistung angegeben:

Ausrichtung, Neigung	Spezifischer Ertrag (kWh/kW)	Minderertrag durch Abweichung von Süd	Abweichung vom Optimum Süd, 35°
Süden, 25°	816	kein Minderertrag	minus 1 %
Osten, 25°	679	minus 17 %	minus 18 %
Süden, 30°	822	kein Minderertrag	minus 0,2 %
Osten, 30°	667	minus 19 %	minus 19 %
Süden, 35°	**824**	**optimal**	**optimal**
Osten, 35°	655	minus 21 %	minus 21 %
Süden, 45°	813	kein Minderertrag	minus 1 %
Osten, 45°	624	minus 23 %	minus 24 %

TIPP Es gilt die Faustregel: Je flacher die Module geneigt sind, umso kleiner ist der Minderertrag bei Abweichung von der Ausrichtung nach Süden.

Aufdachsysteme auf Schrägdächern sind leicht zu installieren, bergen jedoch ein Risiko: Man kann kaum erkennen, ob die darunterliegenden Ziegel beschädigt sind. Das merkt man erst, wenn Nässe bereits ins Dach eingedrungen ist.

Zur Erläuterung: Bei Dächern mit Ziegeleindeckung oder Schiefer schlägt der Dachdecker jeden Ziegel an, macht die Klangprobe. Klingt er klar und hell, hat er wahrscheinlich keine Risse. Dumpf klingende Ziegel sind vermutlich gerissen. Meist sind die feinen Haarrisse gar nicht sichtbar. Im Winter läuft Wasser in diese Risse, dann zerfriert der Schiefer. Erst im Frühjahr sieht man den Schaden im Haus.

Schadhafte Ziegel lassen sich durch das geübte Auge des Dachdeckers schnell erkennen – durch einen Blick vom Boden oder aus dem Dachfenster. Um einen schadhaften Ziegel zu

Die Schrägdachmontage gehört zum Alltagsgeschäft des Solarteurs.
(© IBC Solar AG)

wechseln, braucht der Fachhandwerker mit Anfahrt und Ausstieg aus dem Dachfenster ungefähr eine Stunde. Das sind 50 bis 100 Euro Kosten. Liegt eine Photovoltaikanlage auf dem Dach, braucht er einen Kran, ein Gerüst und mindestens zwei Mitarbeiter, um die Solarmodule abzunehmen. Allein eine Kranstunde kostet 100 Euro und mehr. Da kommen schnell 1.000 bis 2.000 Euro zusammen.
Auch sind die Dachhaken, die in die Lattung geschraubt werden, unter Umständen eine Schwachstelle im Dach. Man braucht spezielle Durchgangsziegel oder Eindeckrahmen, die man von außen ebenfalls kaum kontrollieren kann.
Allerdings sind undichte Stellen keine Eigenheit von Solardächern. Werden sie fachmännisch geplant und ausgeführt, gibt es keine Probleme.

4.1.2 Indachsysteme

Eleganter und optisch meist ansprechender ist die Montage der Solarmodule anstelle der klassischen Eindeckung. Dann bilden die Solarmodule und ihr Montagesystem die wasserführende Schicht. Unter den Modulen wird zur Sicherheit – wie bei den meisten Dächern üblich – lediglich eine Unterspannbahn eingezogen.
Die Indachsysteme müssen gut abgedichtet sein und den Wasserablauf gewährleisten – wie normalerweise die Ziegel oder Trapezbleche. Der Vorteil: Bei einer ohnehin anstehenden Dachsanierung spart man die kostenintensive Ziegeleindeckung. Der Nachteil: Solarinstallateur und Dachdecker müssen Hand in Hand arbeiten, um das Solardach regenfest zu bauen.

TIPP Solarteur und Dachdecker müssen Hand in Hand arbeiten. Das ist nicht immer frei von Reibungen und bedarf der klugen Koordination der Gewerke am Bau.

Der Montageaufwand ist höher als bei Aufdachanlagen. Allerdings spart der Handwerker die zusätzliche konventionelle Eindeckung. Das spart Kosten, ist für viele Dachdecker jedoch (noch) Neuland, vor dem sie zurückschrecken.

TIPP Die Industrie bietet mittlerweile erprobte und zuverlässige Systeme für die Indachmontage der Solarmodule an, für gerahmte und ungerahmte Standardmodule.

Bei einer Indachanlage ist die genaue Abstimmung der Solarteure mit dem Dachdecker notwendig. Bei älteren Sanierungsobjekten werden die Lattung und die Unterspannbahnen erneuert, bevor man das Indachsystem montieren kann. Die Kabelführung ist besonders sorgfältig auszuführen und abzudichten, damit keine Feuchtigkeit durchdringt.
Eine weitere Herausforderung ist die Hinterlüftung der Solarmodule. Meist plant man hinter den Modulen einen Spalt, um die Wärme abzuführen. Das gelingt beispielsweise durch eine Konterlattung zur eigentlichen Traglattung, nachdem die Unterspannbahn montiert ist. Die zusätzlichen Konterlatten schaffen eine Hinterlüftung von mindestens 24 Millimetern, wie sie auch bei konventioneller Eindeckung mit Ziegeln oder Dachsteinen inzwischen gefordert wird.
Der Unterschied ist, dass bei der Indachanlage dieser Lüftungsspalt nicht nur feuchtwarme Abluft und Tauwasser abführt, sondern obendrein die Abwärme der Solarmodule. Zusätzlich kann man in den Sparrenfeldern Lüfter montieren, die im Sommer die Überhitzung vermeiden. Auch ein Entlüftungsfirst bietet sich an, um dieses Problem zu lösen. Einige Indachsysteme integrieren zusätzliche Entlüftungsmöglichkeiten, die die Aufgabe der Lüftungsziegel auf konventionellen Dächern übernehmen.
Durch die etwas höheren Temperaturen unterm Dach könnte das Material der Unterspannbahn vorzeitig altern. Klüger ist es, die Wärme über einen Wärmetauscher aus dem Dach zu führen und im Gebäude nutzbar zu machen, etwa für Warmwasser. In diesem Fall könnte man den Wärmetauscher zum Dach mit Steinwolle dämmen, um einen gewissen Brandschutz zu bieten.
Indachanlagen bieten eine ästhetische Optik. Und sie erlauben andere Wirtschaftlichkeitsrechnungen, weil die Solarmodule zugleich die Dacheindeckung sind. Solare Indachsysteme haben einen weiteren Vorteil: Die Solarmodule sind nicht punktförmig mit Klemmen befestigt. Sie liegen mit der gesamten Breite auf der Dachlattung auf. Dadurch vertragen sie höhere Schneelasten und Windlasten. Während starker Wind unter die Module einer Aufdachanlage greifen kann, bieten die Indachanlage kaum Angriffsfläche, da sie in der gleichen Ebene wie die herkömmliche Dacheindeckung liegt.

TIPP Oft wird unterschätzt, welche Vorteile die Architekten von Indachsystemen haben: Wenn sie sich auf regionale Baustile konzentrieren, können sie durch die Photovoltaik im Dach mehr Wertschöpfung generieren.

In der Schweiz ist dieser Trend bereits sichtbar. Dort liegt der derzeit wichtigste Markt für Indachsysteme. In der Schweiz tun sich Elektriker und Dachdecker zusammen, um die hohen Ansprüche ihrer Kunden gemeinsam zu erfüllen. Oft geht es vor allem darum, alte Dächer kostengünstig zu sanieren. Was eignet sich dafür besser als Photovoltaik?
Indachsysteme baut man vorzugsweise mit sehr langlebigen Glas-Glas-Modulen. Denn ein Dach wird nicht nur für 20 Jahre eingedeckt. Die Hersteller der Solarmodule und der Montagesysteme geben 30 Jahre Garantie. Zudem fangen die Doppelglasmodule hohe Lasten aus Wind und Schnee besser ab.
Schon sind die ersten Produkte am Markt erhältlich, die über eine allgemeine bauaufsichtliche Zulassung (abZ) verfügen. Solarmodule gelten als Verbundsicherheitsglas (VSG), wenn sie bestimmte Eigenschaften nachweisen. Sie bieten zusätzliche Sicherheit, auch wenn die abZ für die Nutzung von Modulen als Dacheindeckung nicht notwendig

gefordert wird. Es können problemlos Module ohne abZ eingesetzt werden, wenn sie die notwendigen Zertifikate als harte Bedachung mitbringen.

TIPP Die bauaufsichtliche Zulassung für Solarmodule ist vor allem von Vorteil, wenn es um solare Überdachungen geht.

Die abZ ist allerdings von Vorteil bei der Integration von Solarmodulen in jegliche Formen der Glasüberdachung. Sobald Personen oder Werte durch eventuell herabfallende Modulteile geschädigt werden können, steigen die Anforderungen an die Solarpaneele hinsichtlich ihrer Eignung als Bauteil. Hier vermeidet die abZ Unsicherheiten und Verzögerungen bei der Planung und der Bauausführung.

TIPP DIN 18008 erlaubt die Planung und Installation von solaren Überkopfverglasungen auch ohne bauaufsichtliche Zulassung.

Was viele Planer und Installateure nicht wissen: Die Technischen Richtlinien TRLV und die DIN 18008 lassen Überkopfverglasungen aus VSG auch ohne bauaufsichtliche Zulassung zu, wenn ihr Kantenverhältnis unter 1:3 bleibt. So könnten Scheiben und Solarmodule mit einer Breite von 3 m und einer Länge von bis zu 9 m installiert werden, ohne zusätzliche Verstrebungen oder gesonderte Zulassung im Einzelfall.
Solche großen Module sind umlaufend zu lagern und gegen Windsog zu sichern. Aus statischer Sicht müssen die zulässigen Spannungen und Durchbiegungen eingehalten werden.

Die Module der Indachanlagen sind überlappend verlegt. Außerdem sind die Rahmen – wenn überhaupt vorhanden – nach unten geöffnet, sodass das Wasser ungehindert abfließen kann.
(© Velka Botička)

Die Indachmodule werden in der Regel direkt auf der Dachlattung befestigt, wie herkömmliche Dachziegel auch. Dadurch ist die Installation denkbar einfach. Hier ein Pilotprojekt in Ecuvillens, FR (Schweiz).
(© CSEM SA/Patrick Heinstein)

Der ungehinderte Wasserabfluss hat auch in alpinen Lagen den Vorteil, dass Schnee schneller abrutscht. Das erhöht nicht nur den Ertrag der Anlage, sondern verringert auch die Belastung des Daches, da der Schnee nicht mehr so lange liegen bleibt.
(© Eternit (Schweiz) AG, Fotograf: Jürg Zimmermann)

Auch die Indachanlagen müssen hinterlüftet werden, wie konventionelle Dacheindeckungen. Um die zusätzliche Abwärme der Module besser abzuführen, bieten sich Lösungen wie Lüftungsfirste an.
(© ENdorado GmbH)

In der Schweiz ist die Indachsolaranlage schon weit verbreitet, vor allem wenn es hoch hinaus geht, wie hier auf dem Stanserhorn.
(© Eternit (Schweiz) AG, Fotograf: Jürg Zimmermann)

4.1.3 Solare Dachziegel und Dachsteine

Die Idee, Solarzellen in Dachziegel zu integrieren, gibt es schon sehr lange. Der Siegeszug am Markt scheiterte vor allem am Preis und an der Zuverlässigkeit der kleinteiligen Produkte. Das hat sich in den letzten drei Jahren gründlich geändert.
Vor allem bei denkmalgeschützten Gebäuden oder in Gebäudeensembles mit Auflagen des Denkmalschutzes haben sie eine gute Chance. Denn sie sind den konventionellen Ziegeln in Form und Farbe so ähnlich nachempfunden, dass niemand ein Solardach vermuten würde.

Die solaren Dachelemente werden direkt auf der Lattung befestigt, wie normale Dachziegel auch. Der Mehraufwand entsteht nur durch die zusätzliche Verkabelung. Allerdings ersetzt hier ein Solarelement mehrere Dachsteine, sodass sich dieser Mehraufwand in Grenzen hält.
(© Braas)

Solare Dachziegel nutzen die bekannte Dachlattung in klassischer Weise. Auf die Baustelle werden sie mit Solarsteckern und entsprechenden Verbindungskabeln für die Stringverschaltung geliefert. Denn wie die Standardmodule werden auch die Solarziegel in Reihe geschaltet, um einen leistungsfähigen Solarstring zu ergeben.

Die Vorteile: Es müssen keine Aussparungen für Dachfenster, Kamine oder Lüftungsausgänge gebaut werden wie bei herkömmlichen Dächern. Das Zubehör gleicht dem Angebot für konventionelle Ziegel, sie lassen sich problemlos kombinieren.

Das größte Interesse kommt von Denkmalschutzbehörden und Architekten, die altehrwürdige Objekte sanieren. Gesonderte Rastermaße wie bei den Indachsystemen für Standardsolarmodule müssen nicht eingehalten werden.

Einen Nachteil haben die solaren Dachziegel: Sie benötigen viele Stecker und Steckverbinder, um sie im String zu verschalten. Zwar sind die Spannungen und Ströme relativ klein, aber je nach Dachgröße und Ziegelanzahl summieren sich die Kontakte und Steckverbinder. Um diesen Aufwand zu senken, bieten einige Hersteller Ziegelmodule an, die sich über die Breite mehrerer Dachziegel erstrecken. Der Zeitaufwand für die Montage und Verkabelung sinkt erheblich.

4.2 Montage an der Fassade

Vertikal installierte Solarmodule bringen nur rund 70 % des Ertrags gegenüber den Solarmodulen, die exakt nach der Sonne ausgerichtet sind – bspw. auf dem Dach. Allerdings stehen an der Fassade nicht selten große Flächen zur Verfügung. Hier sind unverschattete Südfassaden eindeutig im Vorteil.

Meist werden Photovoltaikfassaden als Kaltfassaden vor die Warmfassade gehängt. Die Solarmodule werden wie herkömmliche Glaselemente in Montagesystemen befestigt, die ihrerseits über Zargen, Bolzen oder Träger mit dem Baukörper verbunden sind. Die Montagesysteme sind wie bei herkömmlichen vorgehängten hinterlüfteten Glasfassaden sehr sorgfältig auszuführen, um Wärmebrücken zu vermeiden. Das Tragsystem der Fassadenmodule wird vor der Dämmung montiert. Dann wird das Gebäude gedämmt, danach das Gerüst abgebaut und erst danach die Solarmodule mit Hubtechnik installiert.

Wenn die Solarfassade als Warmfassade in Pfosten-Riegel-Bauweise ausgeführt wird, werden die Solarmodule bei der Montage genauso behandelt wie herkömmliche Glas-

Die Montage einfach gemacht: Mit zwei Backrails werden die Module in der Fassade fixiert.
(© Velka Botička)

Auf die Rückseite dieses Moduls hat der Hersteller ein Backrail geklebt. Diese Klebung ist bauaufsichtlich zugelassen und vereinfacht die Montage an der Fassade.
(© Velka Botička)

elemente. Der Unterschied besteht darin, dass die Solarmodule elektrisch angeschlossen werden müssen. Deshalb sind entsprechende Führungen vorzusehen, in denen die Kabel verlegt werden. Bewährt hat sich, dafür die Pfosten- und Riegelprofile zu nutzen. Sie sind optimalerweise so auszuführen, dass sie für Wartungszwecke zugänglich bleiben.

TIPP Weil der Planungsaufwand für eine Solarfassade meist sehr hoch ist und viele Details beachtet werden müssen, sollte sich der Solarplaner eng mit dem Architekten und Bauherrn abstimmen, möglichst schon zu Beginn des Bauprojekts. Je eher man ins Gespräch kommt und je enger der Kontakt ist, desto aussichtsreicher ist das Projekt.

4.2.1 Auslegung nach DIN 18008

Prinzipiell gelten für solche Solarfassaden die gleichen Anforderungen wie für Fassaden aus VSG. Verglasungen mit VSG sind in DIN 18008 geregelt. Für Fassaden wird der Anstellwinkel mit 90° angesetzt, also die vertikale Installation der Solarmodule.

Um die Solarfassade nach den Regeln der Solartechnik auszulegen und statisch zu berechnen, ist im Abschnitt 5.4.1 dieses Buches ein Auslegungsbeispiel mit der Planungssoftware PV*Sol angegeben.

Sehr einfach wird die Fassadenkonstruktion, wenn Glas-Glas-Module mit abZ verbaut werden. Damit ist praktisch jede Überkopfverglasung machbar, ohne sie mit einem Netz oder anderen Sicherungsmaßnahmen abfangen zu müssen.

Welche Varianten der Montage möglich sind, zeigt der Modulhersteller Avancis mit seiner dreidimensionalen Sonderkonstruktion. *(© Velka Botička)*

Verfügt die Fassade über ein Vordach, sodass keine Personen zu Schaden kommen können, sind nach Auslegung und statischem Nachweis im Einzelfall auch Glas-Folie-Module zulässig.

TIPP Glas-Glas-Module und doppelglasige Solarelemente sind langlebig und sicher, beispielsweise im Brandschutz. Deshalb sind sie erste Wahl bei der Planung einer Solarfassade.

Die energetischen Planungen der Solarerträge sollten Architekten den Solarplanern in ihrem Team überlassen, wie die Statik vom Statiker durchgerechnet wird. Wichtig ist, ein Verständnis für die Möglichkeiten zu bekommen.

Bei Sanierungen treten oft kleine Unzulänglichkeiten oder fehlende Sorgfalt zutage. So kann die Bestandsfassade durchaus vom Lot abweichen. Bevor die neue Dämmung und die Solarfassade aufgebaut werden können, muss der Gipser die Fläche ausgleichen.

Die Photovoltaikanlage an der Fassade erfordert, dass man die Module erst montieren kann, wenn das Gerüst abgebaut ist. Denn man muss die Fassade dämmen, verputzen

Auch Bestandsfassaden können im Rahmen der Sanierung solar aktiviert werden, wie dieses Beispiel eines Hochhauses in Bremen zeigt.
(© GEWOBA)

Eigentlich sind die organischen Solarfolien federleicht. Sind sie allerdings Teil eines VSG, müssen die Installateure natürlich mit einem Glaselement umgehen. Doch der Vorteil ist, dass dadurch die Solarfolie gut geschützt ist und länger hält.
(© Heliatek GmbH)

Die organischen Solarelemente dienen als Verschattungssystem für die Räume in der Niederlassung des Herstellers in Dresden.
(© Heliatek GmbH)

Keine Probleme mit der Zulassung: Die Leichtbaumodule benötigen keine Zulassung nach DIN 18008, weil sie nicht als Glaselemente gelten. Hier ein Vorzeigeprojekt einer sanierten Fassade eines Gebäudes in der Innenstadt von Wieselburg (Niederösterreich).
(© Inhouse – DAS Energy)

und streichen, bevor die Solarmodule angebaut werden. Am Schluss – nach Abbau des Gerüsts – braucht man zur Montage der Fassadenmodule einen Steiger.

TIPP Bei der Gebäudesanierung ist vor der Montage der vertikalen Solarelemente sicherzustellen, dass die Fassade genau ausgerichtet und im Lot ist.

Die Halterungen für das Fassadengestell gehen durch die Dämmung hindurch. Das muss genau ausgemessen werden, und man muss sehr sorgfältig bei der Vor-Ort-Planung sein. Falls die Wand nicht gerade ins Lot fällt, ragen die Halter unter Umständen nicht weit genug aus der Dämmung heraus. Es kann passieren, dass sie zwar oben stimmen, aber in der Mitte in der Dämmung verschwinden bzw. umgekehrt. Beim Neubau ist das nicht so wichtig, dort werden die Wände normalerweise ordentlich ausgerichtet. Beim Altbau hingegen müssen die Architekten auf alle Überraschungen gefasst sein.
Um den Brandschutz der Solarfassade zu gewährleisten, sollte die dahinterliegende Wärmedämmung aus Steinwolle bestehen, nicht aus dem leicht entflammbaren Styropor.
Bei Solarfassaden sind mehr Planer und Gewerke zu koordinieren als bei Aufdachanlagen. Die Fassadenbauer und die Elektriker für die Inbetriebnahme könnten sich als Nadelöhr erweisen. Normalerweise sollten die Gewerke wie die Finger von zwei Händen ineinandergreifen. Aber meistens klappt es nicht ganz so reibungslos – wie oft am Bau.

4.2.2 Solarbalkone

Für Architekten empfiehlt es sich, umlaufende Balkone und Brüstungen als Teil der Fassade in die Optik einzubeziehen. Das gilt auch für die solare Nutzung dieser Flächen, die durchaus erhebliche Solarerträge erzielen können.

Solare Balkone machen die solare Energiewende sichtbar. Dachgeneratoren sind oft vom Boden aus unsichtbar. Werden die Balkone für Solarmodule genutzt, kann man sie gut sehen.
Beim Neubau lassen sich die Balkone mit angepassten und ästhetisch ansprechenden Solarelementen ausstatten. Dann gehört die Solaranlage an der Brüstung faktisch zur Elektroinstallation der Wohnung, wird also vom Vermieter oder Eigentümer finanziert – etwa ergänzend zu einer Solaranlage auf dem Dach (Mieterstrom).

TIPP Der Architekt kann Solarmodule an Balkonen sehr gut als Gestaltungsmittel für die Fassade nutzen. Auf diese Weise lassen sich interessante optische Akzente setzen.

So können die Solarbalkone schon bei der Planung des Gebäudes oder der Fassadensanierung einbezogen werden. Die Brüstungsverkleidung des Balkons kann aus kristallinen Glas-Glas-Modulen oder Dünnschichtmodulen bestehen. Eingefasst sind die Brüstungselemente in eine vorgefertigte Grundkonstruktion aus Aluminium, die den Balkon bildet. Darin werden auch die Kabel verlegt, die die Balkonmodule entweder als String zusammengefasst mit den Wechselrichtern verbinden oder – wenn sie mit Mikrowechselrichtern ausgestattet sind – mit der Hauptverteilung des Gebäudes. Manchmal sind die Solarmodule semitransparent, sodass etwas Tageslicht hindurchfällt und dennoch Sichtschutz gewährleistet ist.
Zum Einsatz kam ein solches System beispielsweise in einer Wohnanlage in Schweinfurt. Im Rahmen einer Sanierung erhielt das Gebäude 66 verglaste Solarbalkone. Um der Fassade eine vielfältige Optik zu verleihen, wurden die Brüstungen der Balkone in jeweils vier Felder aufgeteilt und die Photovoltaikelemente in drei Farbgebungen angefertigt. Der Solarstrom wird ins Netz eingespeist, nicht für den Eigenbedarf der Mieter genutzt.

Die Solarmodule als Brüstungselemente von Balkonen zu verwenden, ist eine einfache Art, die Fassade eines Gebäudes für die Stromerzeugung zu aktivieren.
(© Solarterrassen & Carportwerk GmbH, www.solarcarporte.de)

Die Module der Solarbalkone sind in einer vorgefertigten Grundkonstruktion aus Aluminium befestigt.
(© Solarterrassen & Carportwerk GmbH, www.solarcarporte.de)

Kristalline Module als Balkonbrüstung: Sie können zum optischen Gestaltungselement des Gebäudes werden.
(© Solarterrassen & Carportwerk GmbH, www.solarcarporte.de)

Werden Balkonbrüstungen mit Dünnschichtmodulen realisiert, verschwindet die Technologie weitgehend aus der optischen Wahrnehmung des Betrachters. Sichtbar sind Glaselemente mit feiner Nadelstreifenoptik.
(© Solarterrassen & Carportwerk GmbH, www.solarcarporte.de)

Das ist bei den sogenannten Balkonmodulen (Steckermodulen) anders. Sie sind noch relativ selten. Sie werden senkrecht an der Brüstung montiert. Aufgrund der sehr kleinen Fläche werden oft nur ein oder zwei, selten drei oder vier Solarmodule an den Balkon gehängt. Sie werden mit Mikrowechselrichtern angeschlossen, die den Gleichstrom sofort in Wechselstrom umsetzen und in die Wohnungselektrik führen.

TIPP Steckermodule fallen in der Regel nicht in die planerischen Aufgaben von Architekten. Sie werden von Mietern oder Eigentümern im Nachhinein angebaut – ähnlich den Satellitenschüsseln.

Es hat jahrelangen Streit um diese Steckermodule gegeben, der langsam abebbt. Gemäß Normung sind solche Steckermodule mittlerweile zulässig. Allerdings haben Tests ergeben, dass sie sich für den Eigenverbrauch wenig rentieren. Man braucht vergleichsweise große Stromspeicher, um die Solarenergie für den Verbrauch am Abend vorzuhalten. Andernfalls läuft der Sonnenstrom durch den Wohnungsstromkreis ins Haus und von dort sogar über den Hausanschluss ins öffentliche Netz. Da ist Streit vorprogrammiert, wenn die Balkonmodule dem Mieter gehören und nicht dem Eigentümer des Hauses.

4.3 Elektrischer Anschluss von Solarfassaden

Wichtig zu beachten ist, dass die Solarmodule an Solarfassaden oder am Solarbalkon gut zugänglich sein müssen. Denn auf ihrer Rückseite laufen die DC-Kabel, die gelegentlich durchgesehen und gewartet werden müssen.

4.3.1 Anschluss an Stringwechselrichter

Man kann Solarfassaden wie Dachanlagen über DC-Strings an einen Wechselrichter anschließen, der den Gleichstrom in Wechselstrom umsetzt. Dazu werden die Solarmodule in Reihe verschaltet, um maximal 1.000 V im DC-String zu erreichen.

In speziellen Verschaltungen schließt man mehrere Solarmodule parallel. Bei dieser Variante sind die Spannungen in der Fassade deutlich niedriger, dafür sind die Ströme höher. Höhere Ströme erfordern höhere Kabelquerschnitte. Höhere Spannungen erfordern eine höhere Isolationsfestigkeit der Stecker und Kabel und eine höhere Kurzschlussfestigkeit der Solarmodule.

Wird die Solarfassade mit DC-Modulstrings verschaltet, laufen die Gleichstromleitungen zu den Wechselrichtern, die im Innern des Gebäudes (Keller, Haustechnikraum) oder in Anbauten hängen. Die Wechselrichter setzen den Gleichstrom in netzfähigen Wechselstrom um und speisen ihn ins Hausnetz für den Eigenverbrauch ein. Der Anschluss an Speicherbatterien ist problemlos möglich, entweder vor dem Wechselrichter (DC-geführt) oder danach (AC-Einbindung des Solarakkus).

4.3.2 Anschluss mittels DC-Optimierer

Mithilfe sogenannter Power Optimizer, auch DC-Optimierer genannt, kann man die Spannungen der Solarmodule in der Fassade auf 31,5 V glätten. Damit lassen sich längere Strings verschalten als mit Stringwechselrichtern.

Zudem erlauben solche Optimierer bessere Erträge bei Teilverschattung oder anderen Einflüssen, die sich negativ auf die Erträge der Modulstrings auswirken (Mismatch, Ver-

schmutzung). Solarfassaden haben in aller Regel ein größeres Problem mit Teilverschattung als beispielsweise Dachanlagen. Selten steht ein Gebäude unverschattet und frei, deshalb sind Fassaden immer mit Teilverschattung zu planen.
Die flachen DC-Optimierer lassen sich unmittelbar hinter die Fassadenmodule montieren, jeweils ein Power Optimizer je Modul oder für ein Modulduo. Von dort führt eine DC-Sammelleitung durch den Modulstring bis an spezielle Wechselrichter, die im Wesentlichen nur noch die Funktion der Leistungsumsetzung von Gleichstrom auf Wechselstrom erfüllen.
Die kleinen Geräte auf der Rückseite der Solarpaneele haben den großen Vorteil, dass sie Ertragsverluste am einzelnen Modul sichtbar machen. Das erleichtert die Inspektion, die Fehlersuche und den Austausch der fehlerhaften Solarmodule. Bei Netzausfall oder bei Bränden schalten die Optimierer die Solarmodule spannungsfrei, sodass die Löschkräfte freie Hand haben.
Der Nachteil der DC-Optimierer sind EMV-Probleme, die sich unter Umständen in Störfrequenzen auf geschützten Funkbändern äußern. Sie sind unbedingt zu vermeiden, andernfalls ordnen die Behörden die sehr kostspielige Sanierung der Solaranlage an. Solche Fälle sind sehr selten, kommen gelegentlich jedoch vor.

4.3.3 Anschluss mit Mikrowechselrichtern

EMV-Probleme sind von den Mikrowechselrichtern bisher nicht bekannt. Sie verlagern die gesamte Steuerung und die Leistungselektronik an das einzelne Solarmodul. Die DC-Strings gibt es nicht mehr, weil das Solarmodul in diesem Fall netzfähigen Wechselstrom abgibt. Auf zusätzliche Stringwechselrichter wird verzichtet. Lediglich ein Bauteil zur Synchronisierung des Wechselstroms aus dem Modulfeld mit der Netzfrequenz wird benötigt. Auch Mikrowechselrichter schalten die Solarmodule bei Havarien und Bränden automatisch ab.
Die Mikrowechselrichter erleichtern die elektrische Planung von Solarfassaden und ihren Anschluss kolossal, weil ihre Verkabelung denselben Normen folgt wie zum Beispiel die Beleuchtung von Fassaden. Das ist kein Neuland und aus der Fassadentechnik hinlänglich bekannt.
Aber: Modulwechselrichter sind teurer als DC-Optimierer. Zudem hat der Wechselstrom in der Fassade bereits Netzspannung (einphasig 230 V). Bei Kontaktfehlern oder Kurzschlüssen ist der Berührungsschutz viel gravierender als bei geringen DC-Spannungen. Und die Abwärme der Wechselrichterzwerge verbleibt am Modul, was die thermische Belastung in der Fassade verstärkt.

4.3.4 Ein Altbau in Zürich

Ein guter Mittelweg sind Wechselrichter, die mit kleinen Systemspannungen aus parallel verschalteten Solarmodulen arbeiten. So eine Lösung hat Bauherr Gallus Cadonau gewählt, der in Zürich ein wunderbares Jugendstilgebäude zum Plusenergiehaus umgebaut hat. Sein Architekt war Giuseppe Fent, mehrfacher Gewinner des Schweizer Solarpreises. Das Wohnhaus für vier Familien steht inmitten der Stadt. Südlich grenzt es an ein Nachbarhaus, gleichfalls ein Mehrfamilienwohnhaus. Die Westseite wird durch einen ausladenden alten Ahorn verschattet. An diesem Wohnhaus ließ Cadonau insgesamt 19 Flächen auf den Dächern und an den Fassaden mit Solarmodulen belegen. In der Summe wurden 192 Solarmodule integriert.

Insgesamt liefern die Paneele rund 28 kW, sie wurden mit speziellen Kleinwechselrichtern (PPI: Professional Protecting Inverter) verschaltet. Sie wurden von einem Hersteller aus Freiberg am Neckar nach Zürich geliefert. Die Wechselrichter nutzen den Sonnenstrom aus parallel verschalteten Modulen, deshalb ist die Systemspannung viel geringer als bei serienverschalteten Solarstrings. 14 solcher PPI wurden eingebaut, um die 19 Solarfelder elektrisch anzuschließen.

Die Auslegung der Leistungselektronik erfolgte am Fraunhofer-Institut für Solare Energiesysteme in Freiburg im Breisgau. Die rund 8.900 Solarzellen wurden genau auf ihren Ertrag im Jahresverlauf hin simuliert. Jede Zelle hat 3,46 W Nennleistung, abzüglich der Modulverluste sind es 3,18 W.

Nun produziert das Gebäude rund 15 % mehr Strom, als es selbst verbraucht. Es wird erwartet, dass der Energiegewinn aus den Solarfassaden um 10 bis 20 % höher liegt als bei konventionell verschalteten Solarfassaden mit Stringwechselrichtern. Die Anlage erzeugt rund 19.000 kWh Sonnenstrom im Jahr. Eingebaut wurden auch Ladestationen für Pedelecs. Denkbar ist zudem eine Ladestation für Elektroautos, die auch die Nachbarschaft mitversorgt.

4.3.5 Ein Neubau in Wil

In der Wiler Hofbergstrasse hat Solararchitekt Giuseppe Fent mit einem ähnlichen Fassadensystem ein weiteres Gebäude realisiert. Im Unterschied zum Altbau in Zürich ging es um einen Neubau für zwei Familien mit je 3,5 Zimmern. Das Gebäude steht am steilen Hofberg und hat drei Etagen. Die gesamte Nordseite ist in den Berg eingelassen.

Alle Wohnräume wurden energetisch vorteilhaft nach Süden ausgerichtet. Das Gebäude wurde in Massivbauweise errichtet. Die gesamte Fassade ist als thermoaktive Solarfassade ausgeführt. Nichtspiegelnde Solarmodule sind integriert, auch das Dach wurde mit Solargeneratoren belegt. Die Fassade leistet rund 6 kW, auf dem Dach wurden 24 Module installiert, jeweils die Hälfte mit 15° Aufständerung gen Südwesten und gen Nordosten.

Die Solarpaneele werden als sicheres Kleinspannungssystem verschaltet, Verschattung ist kein Problem mehr. Zwischen den Modulen befinden sich kleine Spalte, durch die Frischluft angesaugt wird. Die Frischluft kühlt die Module und wird zugleich vorgewärmt, bevor sie ins Gebäude gelangt.

Etwa 80 % der Energie für Heizung und Warmwasser werden durch die Solarfassade bereitgestellt. Eine Wärmepumpe nutzt den Sonnenstrom vorrangig, um das Gebäude zu heizen. Warmwasser wird über einen elektrischen Boiler erzeugt. Mithilfe des Sonnenstroms wird das Haus im Jahresdurchschnitt zu rund zwei Dritteln versorgt. Zusätzlich stehen Speicherbatterien bereit, um Überschüsse aufzunehmen und für die Nacht vorzuhalten.

Die letzte Hand legt der Installateur an, wenn er den Hauszähler installiert und die solare Eigenverbrauchsanlage in Betrieb nimmt.
(© Heiko Schwarzburger)

TIPP Für den elektrischen Anschluss der Solarfassade gibt es kein Patentrezept. Die Verschaltung hängt von den individuellen Gegebenheiten des Projekts und natürlich auch von seiner Größe ab. Es gilt, einen vernünftigen Schnittpunkt aus ökonomischen und ökologischen Anforderungen zu finden – in jedem Fall auf kluge Weise.

4.4 Nutzung alter Kamine und Abzüge

Nicht selten ist vor der Solarinstallation eine Kaminsanierung notwendig. Beispielsweise können Gasgeräte den Kamin durchfeuchtet haben. Anders als Heizöl enthält Erdgas oder Stadtgas keinen Schwefel, aber mehr Wasser. Wenn ein Kubikmeter Erdgas verbrennt, entstehen rund 1,6 Liter Kondensat, das sich an den kühlen Mauern des Schornsteins abschlägt. Innerhalb der Rohrführung verursacht es Rost, weshalb man heutzutage feuerfesten Edelstahl verbaut. Gemauerte Kamine zersetzen sich durch die Feuchte, sie zerbröseln und werden weich.

Heizkessel, die Heizöl verbrennen, erzeugen im Abgas unter anderem Schwefeloxide. Denn das Heizöl führt bis zu 2 % Schwefel mit, der im Brennraum gleichermaßen oxidiert, wie der Kohlenstoff in den schweren, organischen Ketten des Brennstoffes. Kühlt sich das Abgas auf seinem Wege ins Freie ab, schlägt sich Wasserdampf an den Wandungen des Kamins nieder.

Mit den Schwefeloxiden zusammen bildet sich ein saures Gemisch. Die Säure und der Sauerstoff in der Luft greifen das Mauerwerk an und verwandeln es in Gips. Man spricht von Versottung, leicht an gelblich-braunen Flecken zu erkennen. Versottete Kamine riechen übel, sie verpesten die Luft im Gebäude.

In der Modernisierung ist immer zu prüfen, ob die Schornsteine sanierungsbedürftig sind. Das gilt auch, wenn man sie künftig nicht mehr benötigt. Denn immer bilden sie eine Quelle störender Gerüche. Und man kann sie sehr gut für die Kabelführung beispielsweise der Photovoltaikanlage vom Dach zum Wechselrichter im Haustechnikraum nutzen. Wird der Luftschacht im Kamin für ein Solarkabel genutzt, darf man nur nichtbrennbare Baustoffe und hitzebeständige Isolierungen verwenden.

Neue Solarprodukte lassen die Unterschiede zwischen konventionellen Glasfassaden und aktivierten Solarfassaden nahezu verschwinden.
(© AGC Interpane)

5

Planung und Auslegung von Fassaden

Die Integration von Solarelementen ins Dach stellt Architekten und Bauplaner in der Regel nicht vor besondere Herausforderungen. Planung und Installation werden ausgeschrieben, es sind lediglich die statischen Reserven zu klären. Gegebenenfalls wird die Dachkonstruktion verstärkt, um die Solartechnik aufzunehmen.
Anders an der Fassade: Sie ist das ureigene Geschäft der Architekten, prägt sie doch das Erscheinungsbild des Gebäudes. Deshalb wollen wir uns an dieser Stelle auf das grundlegende Verständnis der planerischen Grundsätze beschränken, sofern sie solare Fassadensysteme berühren. Die Architekten planen die Solarfelder nicht selbst, sondern holen erfahrene Solarplaner ins Team, die sie mit anderen Spezialisten führen und bei Konflikten moderieren – im Auftrag der Kunden.
Fortan gehört der Solarplaner genauso selbstverständlich ins Team wie der Energieberater, der Gebäudeplaner und der Planer für TGA und Haustechnik. Die Architekten dürfen sich nicht in technischen Details verzetteln, sondern müssen den Entwurf und das Gesamtbild des Gebäudes im Blick behalten. Zudem geht es darum, die Betriebskosten während der Nutzungsdauer der Gebäude zu optimieren. An dieser Stelle spielen vor allem die Energiekosten eine wichtige Rolle, weil der Solargenerator die Stromerzeugung ans Gebäude bringt: Das Gebäude wird zum Kraftwerk.
Das Verständnis für planerische Grundsätze der Solartechnik hilft den Architekten, den Baufortschritt zu kontrollieren und die Qualität der Ausführung zu überwachen. Nicht selten übernehmen die Architekten neben dem Entwurf auch die Bauleitung.

TIPP Grundsätzlich sollte vor allem die Solarfassade möglichst frühzeitig in die Planung einbezogen werden.

Das ändert sich auch durch die anstehende Digitalisierung des Planungs- und Bauprozesses auf der Basis des Building Intgegration Modeling (BIM) nicht. Zwar ist die Umsetzung von Solarfassaden dadurch besser möglich, da die Kommunikation der am Bau beteiligten Planer vereinfacht wird. Schließlich kommt bei der Integration der Photovoltaik in die Gebäudehülle ein weiteres Gewerk hinzu. Zudem sind spätere Änderungen am Entwurf damit einfacher umsetzbar.
Doch die grundlegenden Entscheidungen sind dann schon gefällt, von denen eine möglicherweise zu integrierende Solaranlage betroffen ist. Die Planung der solaren Architektur beginnt bereits bei der Ausrichtung des Baukörpers.

5.1 Hinweise zum Baukörper

Bei Bestandsbauten ist der Baukörper in seiner Ausrichtung und seiner geometrischen Struktur – sowie seiner Konstruktion – weitgehend gesetzt. Dort eine Solarfassade vorzuhängen ist oft ein Kompromiss mit den Gegebenheiten.
Anders beim Neubau: Wer einen Neubau plant, sollte einige Tipps beachten, damit die Photovoltaik möglichst hohe Anteile des Strombedarfs im Gebäude decken kann. Sind die Häuser falsch ausgerichtet oder die Dächer verschattet, lassen sich diese Unzulänglichkeiten hinterher auch mit aufwendiger Technik kaum wettmachen.

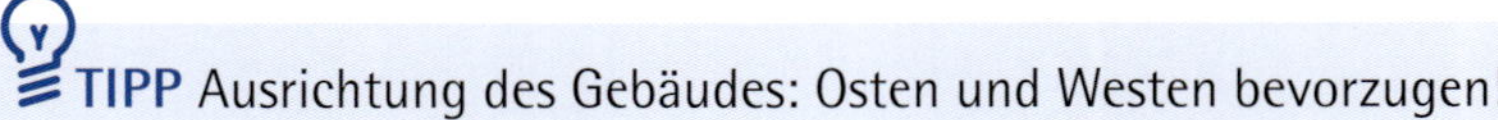
TIPP Ausrichtung des Gebäudes: Osten und Westen bevorzugen!

Im Neubau sollten die Baukörper so ausgerichtet sein, dass die Nutzung der Sonnenenergie in der Fassade und im Dach ungehindert möglich ist.
(Planung, Bau und Bild by www.clevergie.ch)

Große Fensterfronten nach Süden erhöhen zwar den Eintrag der natürlichen Sonnenenergie. Im Sommer sorgen sie aber für hohen Kühlbedarf. Das kann mit einer Terrassenüberdachung mit semitransparenten Solarmodulen abgemildert werden.
(© Solarterrassen & Carportwerk GmbH, www.solarcarporte.de)

Noch immer ist die Auffassung verbreitet, dass Solargeneratoren nur auf der Südseite des Daches effektiv sind. Diese Sichtweise ist überholt. Besser ist es, die Solarpaneele nach Süden, Westen und Osten auszurichten. Dann verteilen sich die Erträge des Sonnenstroms über den Tagesverlauf, es gibt keine Mittagsspitze mehr. Die Solarerträge passen besser zu den Verbrauchsspitzen im Gebäude, die meist in den Morgenstunden und am Abend liegen. Perfekt sind drei Solarfelder: Eins nach Osten, eins nach Westen und eins nach Süden.

TIPP Überdachte Veranda nach Süden!

Bekommt das Gebäude ein Flachdach, kann man die Solarmodule als Aufdachanlage beliebig ausrichten. Bei Schrägdächern sind Solarfelder nach Osten und Westen zu bevorzugen. Dann weist der Giebel nach Süden. Dort bieten sich eine großzügige Veranda oder ein Vordach an, die mit einem Solardach beispielsweise aus Doppelglasmodulen überspannt werden.
Im Sommer bietet das Vordach kühlen Schatten und Schutz vor heftigen Gewittern. Im Winter steht die Sonne flacher am Himmel, wird also nicht vom Vordach abgeschattet. Dann kann sie ungehindert ins Gebäude strahlen und die Heizung unterstützen.

TIPP Möglichst große Fenster nach Osten und Süden!

Die Dächer und Außenwände nach Westen oder Nordwesten weisen in unseren Breiten zur sogenannten Wetterseite. Von dort kommen die meisten Niederschläge und Winde angerauscht. Deshalb sollte man große Fensterflächen vor allem nach Osten (Sonnenaufgang) und nach Süden einplanen. Nach Süden weisende Glasfronten sollten ein Vordach bekommen, damit die Räume im Sommer nicht überhitzen.
Das Vordach lässt sich sehr gut mit Glas-Glas-Modulen nutzen, als einfache Pfostenkonstruktion aus Holz. Auch ein Wintergarten mit Solarmodulen als Dach ist sinnvoll und praktisch. Ganz wichtig: Je größer die transparenten Flächen am Gebäude, desto besser muss die thermische Qualität der Fenster sein.

TIPP Ausreichend Tragreserven planen!

Bei Gewerbebauten sollte der Baukörper ausreichend Tragreserven aufweisen, sowohl für das Dach als auch eine oder mehrere Solarfassaden. In der Regel werden die Solarmodule

Diese Fassade wurde zunächst saniert und wärmegedämmt. Auch die Zargen für die Modulgestelle wurden bereits eingebracht.
(© MUNDING ARCHITEKTEN)

Die Auslegung der Verankerungen für das Untergestell der Solarmodule wurde durch statischen Nachweis ermittelt.
(© Stadtwerke Stuttgart/Leif Piechowski)

in dafür geeignete Montagesysteme als Kaltfassade vor die thermische Hülle gehängt. Bei Neubauten ist aber auch möglich, die Solarelemente in die Warmfassade zu integrieren. Das spart den Mehraufwand einer Vorhangfassade.

5.2 Analyse der Verschattung

Die Ausrichtung des Baukörpers auf dem Grundstück wird durch die Simulation der Verschattung ermittelt. Bei kleinen Wohngebäuden kann man auf die Simulation verzichten, da genügt die Ausrichtung nach dem Sonnenlauf.
Bei größeren Gebäuden mit anspruchsvoller Geometrie des Grundrisses kann es sinnvoll sein, zunächst die Verschattung zu berechnen und mit dem Sonnenlauf während des Tages und übers Jahr zu simulieren. Die Ergebnisse sind auch hilfreich, um den Sonnenschutz zu dimensionieren bzw. festzulegen, welche Räume mit sehr starker Sonneneinstrahlung rechnen müssen. Auf diese Weise lassen sich die Areale des Gebäudes spezifizieren, bei denen sommerliche Überhitzung droht. Ebenso werden die Gebäudeteile identifiziert, die dauerhaft beschattet sind.

TIPP Solarfassaden sind stets teilweise verschattet – je nach Jahreszeit und Sonnenlauf.

Fassadenanlagen sind konstruktionsbedingt immer einer temporären Verschattung ausgesetzt. Selbst eine direkt nach Süden ausgerichtete Anlage ist typischerweise in den Morgen- und Abendstunden durch das Gebäude, an dem sie montiert ist, verschattet.
Auf die Analyse der Verschattungen haben sich verschiedene Institute und Dienstleister spezialisiert. Einfache Abschätzungen können die Architektin oder der Architekt mit den üblichen Planungsprogrammen für die solare Auslegung der Fassade erhalten.
Zu beachten sind Bäume, vor allem beim Neubau. Werden sie auf dem Grundstück eingepflanzt, sind sie klein und unscheinbar. Innerhalb weniger Jahre können sie jedoch eine erhebliche Höhe erreichen und unter Umständen die Solarelemente in der Fassade verschatten. Zudem sollte die weitere Stadtplanung beachtet werden. Wenn gegenüber ein weiteres Gebäude geplant ist, verändert sich die Verschattung unter Umständen grundsätzlich.

TIPP Für die Verschattung wesentlich ist das Umfeld des Gebäudes, das Ensemble, in das es eingebettet ist. Das spielt vor allem bei der innerstädtischen Bebauung eine Rolle. Die tageszeitabhängige Verschattung durch hohe Gebäude in der Nachbarschaft ist unbedingt in die Simulation aufzunehmen.

Verschattung ist ein geringeres Problem, wenn zur Verschaltung der Solarelemente die DC-Optimierer oder Mikrowechselrichter verwendet werden. Da sie negative Effekte wie die teilweise Verschattung direkt am einzelnen Solarelement minimieren, sind die Ertragsverluste deutlich geringer als bei der Verschaltung von langen DC-Strings mit zentralen Stringwechselrichtern.
Bei Stringverschaltung sollten die Strings möglichst kurz und an Wechselrichter mit kleiner Eingangsleistung angeschlossen werden. Das verringert nicht nur die elektrische Spannung in der Fassade, sondern ermöglicht eine bessere Auslegung hinsichtlich der Verschattung.

Auch eine Art der Verschattung, die mit bedacht werden muss: Das Logo wirft einen Schatten auf die Paneele dahinter. Deshalb wurden hier Dummyelemente eingesetzt, die zwar die gleiche Optik haben wie die Module, aber keine elektrische Funktion.
(© ATB-Becker Photovoltaik GmbH - Österreich)

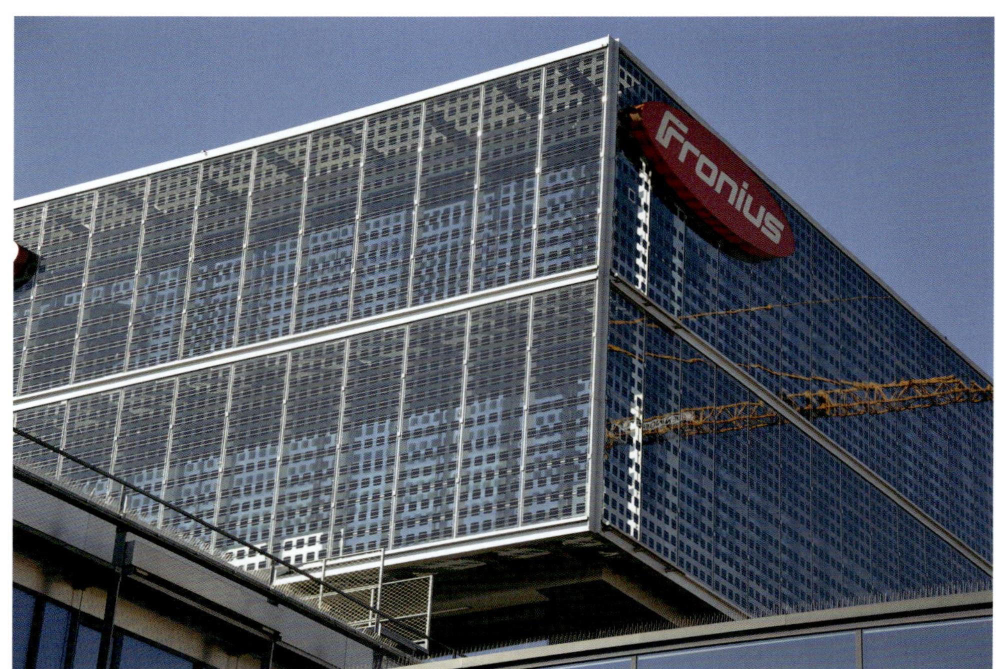

Das Logo an dieser Fassade im oberösterreichischen Wels ist zwar nicht riesig, verschattet aber trotzdem die Module. Hier wurden einfach die verschatteten Zellen nicht verschaltet. Dadurch sinkt die Leistung der betroffenen Solarmodule. Um sie dennoch mit den anderen Modulen in einem String zu verschalten, wurde die Stringauslegung anhand der Anzahl von Solarzellen und nicht von Solarmodulen vorgenommen.
(© Velka Botička)

5.3 Analyse der Blendeffekte

Bei sehr großen Solarfassaden kann ein ähnliches Problem auftreten wie bei Glasfassaden: Das reflektierte Sonnenlicht wirft unter Umständen einen grellen Blendfleck in die Nachbarschaft.

Dieser Effekt kann sehr störend sein, weil dadurch zum Beispiel der Autoverkehr in der Stadt oder auf der Autobahn behindert wird. Gefährlich sind solche Effekte in der Nähe von Flughäfen. Es kann passieren (und ist schon vorgekommen), dass die Behörden für solche blendenden Fassaden aus Gründen der Verkehrssicherheit oder der Flugsicherheit nachträglich einen Umbau fordern. Das kostet natürlich viel Geld. Es sind sogar Fälle bekannt, in denen die Fassade nicht nur wie ein Spiegel, sondern wie ein Brennglas wirkte. Sie verursachte beispielsweise Schmorschäden an geparkten Fahrzeugen.
Solarelemente sind normalerweise mit Antireflex-Beschichtungen ausgestattet. Sie vermeiden die Totalreflexion des Sonnenlichts an der Oberfläche und leiten mehr Sonnenenergie ins Innere der Module. Insofern ist die reflektierte Blendenergie bei Solarelementen geringer als bei glattem VSG. Dennoch empfiehlt sich bei größeren Projekten – je nach Erfordernissen aus der Nachbarschaft – ein Blendgutachten.

TIPP Nach der ersten Grobplanung der Solarfassade lässt sich ein solches Gutachten durch spezialisierte Experten in relativ kurzer Zeit und mit überschaubarem Aufwand erstellen.

In vielen Großstädten ist eine Debatte über den Vogelschutz entbrannt. Die turmhohen Glasfassaden sind für viele Vögel ein kaum zu bewältigendes Hindernis, vor allem wenn örtliche Fallwinde in den Straßenschluchten sie gegen die Glasfront schmettern. Dieses Problem ist keine Eigenheit der Solarfassaden. Hier sind gut strukturierte Fassaden gegenüber geschlossenen Glasfronten sicher im Vorteil.

Die Blendwirkung der integrierten Solarmodule am Solarpylon des Porsche Zentrums in Berlin-Adlershof ist kein Problem, weil sie den Verkehr nicht stört. Doch in der Planung sollten solche Details berücksichtigt werden.
(© Velka Botička)

5.4 Planung der Solartechnik

Ist der Baukörper in Ausrichtung, Höhe und Grundriss weitgehend festgelegt, beginnt die Planung der Solarfassade. Sie besteht aus zwei Teilen: der Planung als Solaranlage und die statische Planung der Unterkonstruktion.

5.4.1 Solare Planung – Beispiel

Als Beispiel dient im Folgenden die Planung einer Südfassade an einem Bürogebäude im Stuttgarter Westen aus dem Jahr 2017. Das Beispiel zeigt, dass die solare Auslegung der Fassade mit den gängigen Planungsprogrammen der Solarbranche möglich ist. Die Analyse der Verschattung ist in diese Planung integriert.
Bei der Planung wurde die Software PV*SOL Premium mit 3D-Editor und detaillierter Verschattungsanalyse eingesetzt. Hier wird die Planung exemplarisch gezeigt, der Ablauf ist in anderen Planungstools ähnlich und nachvollziehbar. Neben der Solarfassade wurden zwei Dachhälften mit Solarmodulen belegt, um die Ausbeute an Sonnenstrom zu erhöhen.

TIPP Der Ablauf der Solarplanung entspricht dem Vorgehen wie bei einer Aufdachanlage – mit speziellen Parametern.

Für eine genaue Ertragsrechnung ist die reale Darstellung der Verschattung durch umliegende Objekte von großer Bedeutung. Durch die 3D-Visualisierung und die detaillierte Verschattungsanalyse erhält der Planer konkrete Angaben über den Schattenwurf zu verschiedenen Tages- und Jahreszeiten und damit über zu erwartende Ertragsminderungen.
Die Navigation innerhalb der Software erfolgt anhand einer Icon-Leiste, welche die einzelnen Planungsschritte repräsentiert. Zu Beginn werden projektbezogene Daten wie Kundendaten, Adresse der Anlage sowie eine Projektbeschreibung eingegeben.
Im nächsten Schritt werden die gewünschte Anlagenart, die Planungsart sowie der Klimadatensatz gewählt. Die Software bietet die Möglichkeit, folgende Anlagenarten zu simulieren:

- netzgekoppelte PV-Anlage,
- netzgekoppelte PV-Anlage mit elektrischen Verbrauchern,
- netzgekoppelte PV-Anlage mit elektrischen Verbrauchern und Batteriesystem,
- netzgekoppelte PV-Anlage mit elektrischen Verbrauchern und Elektrofahrzeugen,
- netzgekoppelte PV-Anlage mit elektrischen Verbrauchern, Elektrofahrzeugen und Batteriesystem,
- netzautarke PV-Anlage,
- netzautarke PV-Anlage mit Zusatzgenerator.

Bei der Auswahl der Planungsart wird entschieden, ob die Photovoltaikanlage 2D oder 3D ausgelegt werden soll. Im vorliegenden Fall entschied sich der Planer für eine netzgekoppelte PV-Anlage mit elektrischen Verbrauchern und Batteriesystem, die mittels 3D-Planung zu erstellen ist. Denn das Gebäude sollte den Sonnenstrom möglichst vollständig selbst verbrauchen.
Mit den Klimadaten wird der geografische Standort der Solaranlage festgelegt. Über die Schnellauswahl werden das Land und der gewünschte Klimadatensatz bestimmt. Darüber hinaus besteht die Möglichkeit, Klimadaten aus einer Karte auszuwählen, neue Klimadatensätze zu importieren bzw. zu erstellen.
Danach werden die elektrischen Verbraucher definiert, die von der Solaranlage gedeckt werden sollen. PV*SOL bietet die Möglichkeit, vordefinierte Lastprofile zu laden oder gemessene Lastgänge zu importieren. Das vereinfacht vor allem bei gewerblichen Anlagen die Auslegung.
Die Planung der eigentlichen PV-Anlage erfolgt unter Verwendung eines Kartenausschnittes (Google Maps) in der 3D-Visualisierung. Nach Einlesen und Skalieren des Kartenmaterials ist der Grundriss des zu belegenden Objektes zunächst durch ein Polygon zu kennzeichnen. Anschließend wird daraus über die Eingabe der Traufhöhe und Dachneigung das Gebäude extrudiert. Alle weiteren relevanten Objekte, die zur Verschattung beitragen, werden analog erstellt.
Als nächstes werden Sperrobjekte und vorhandene verschattende Objekte auf den zu belegenden Flächen definiert. Dazu wird das Gebäude aktiviert und mittels der Pfeiltasten auf die gewünschte Fläche navigiert. An der Fassade des Bürogebäudes befinden sich sechs Fenster, die man in der Objektansicht hinzufügen kann. Wenn dem Planer ausreichend Zeit zur Verfügung steht, können wahlweise auch eigene Texturen (Wellblech auf Vordach) importiert und verwendet werden.
Nun müssen die gewünschten Solarmodule aus der Datenbank gewählt werden, um die Fassade zu belegen. Man kann einzelne Module per Drag & Drop platzieren, zuvor definierte Teilflächen sowie die gesamte Fassade belegen. Um die Ansicht möglichst realistisch zu gestalten, lassen sich Modultexturen manuell anpassen.
Um die Belüftung und das Temperaturverhalten der Module in der Ertragssimulation möglichst korrekt zu berücksichtigen, ist bei der Modulbelegung die geplante Einbau-

situation zu definieren. Für gebäudeintegrierte Dachanlagen (BIPV) stehen die Optionen „Dachintegriert mit und ohne Hinterlüftung" zur Auswahl. Für nicht in die Fassade integrierte Anlagen sind die Optionen „Dachparallel gut hinterlüftet" oder „Aufgeständert Dach" zu wählen.
Zur Beurteilung der Verschattungssituation stehen verschiedene Werkzeuge zur Verfügung. Die Schattenhäufigkeitsverteilung gibt Aufschluss über die jährliche Minderung der Direkteinstrahlung. Diese wird für jedes Modul als Prozentwert dargestellt und erlaubt eine Einschätzung, welche Module stärker verschattet und eventuell bei der Verschaltung besonders zu berücksichtigen sind. In Einzelfällen kann es sinnvoll sein, Module zu entfernen. Darüber hinaus kann sich der Planer den Schattenwurf für einzelne Sonnenstände oder Uhrzeiten anzeigen lassen.
Neben der Fassadenanlage besteht die Solaranlage aus Modulflächen auf dem Dach. Sie wurden äquivalent erstellt. Zum Abschluss müssen die Module der einzelnen Flächen mit Wechselrichtern verschaltet werden. Im Fenster „Modulverschaltung" schlägt das Programm eine passende Verschaltung vor. Alternativ lässt sie sich manuell konfigurieren. Für die Fassadenanlage wurde ein Wechselrichter mit zwei MPP-Trackern gewählt, wobei die Module rechts und links der Fenster jeweils an einen MPP-Tracker angeschlossen sind. Die einzelnen Modulstränge werden mit unterschiedlichen Farben dargestellt.
Nach erfolgter Verschaltung ist die Planung der Solaranlage abgeschlossen. Nun kann man die 3D-Visualisierung verlassen. Jetzt werden die Abschattungsgrade berechnet, die später zur Ertragssimulation benötigt werden. Das heißt, für jedes Modul, auch für Teilbereiche eines Moduls, wird die Verschattung zu jedem Zeitschritt simuliert.
Im weiteren Verlauf der Planung werden das passende Batteriesystem ausgewählt, Längen und Querschnitte der Kabel definiert oder Kabelverluste als Prozentwert eingegeben. Wenn eine wirtschaftliche Betrachtung gewünscht wird, werden die Anlagenkosten eingegeben und die entsprechenden Einspeise- und Bezugstarife ausgewählt.
Nun erfolgt die Simulation der Solarerträge. Ihre Ergebnisse werden im Überblick angezeigt. Die Beispielanlage liefert einen Ertrag von rund 46.000 kWh, spezifisch sind das 890 kWh/kWp. Der Anlagennutzungsgrad (Performance Ratio, PR) beträgt gute 84 %. Er ist ein Maß für die Energieverluste, die im Vergleich zu den optimalen Bedingungen der Anlage auftreten und zeigt das Verhältnis zwischen dem tatsächlich erreichten und dem maximal möglichen Ertrag der Solaranlage.
Der Eigenverbrauchsanteil gibt Aufschluss darüber, wie viel des erzeugten Solarstroms zur Deckung des Bedarfs im Gebäude genutzt werden kann. Für die geplante Anlage sind es 86 %.
Eine weitere Ergebnisgröße ist der Autarkiegrad, der angibt, wie viel des elektrischen Gesamtverbrauches mithilfe des Solarsystems gedeckt werden konnte. Er beträgt 43 %.

Details der Solaranlage:

- Dachausrichtung: Ost-Süd-West (20° Neigung)
- Modulhersteller: Heckert Solar
- Dach-Module: 144 Nemo 60P 265W
- Fassaden-Module: 25 Nemo 60M 275 black
- Wechselrichter: SMA STP
- Speichereinheit: IBC Solstore 39Li L3
- Wallboxen: Mennekes Amtron Xtra11

Aufbau der Fassadenhalterung für die Solarmodule an der Südfassade des Alfons W. Gentner Verlages in Stuttgart.
(© Stadtwerke Stuttgart/ Leif Piechowski)

Wegen des Vordaches konnte bei dieser Solarfassade auf Solarmodule mit bauaufsichtlicher Zulassung verzichtet werden.
(© Stadtwerke Stuttgart/Leif Piechowski)

Auch das nach Süden gerichtete Vordach (Trapezblechdach) wurde für einen Solarstring genutzt.
(© Stadtwerke Stuttgart/Leif Piechowski)

Die Solarfassade wird nach unten mit zwei Ladeboxen für E-Autos abgeschlossen, die unter dem Vordach parken und tanken. *(© Stadtwerke Stuttgart/ Leif Piechowski)*

Die Installation der monokristallinen Solarmodule erfolgte per Hubsteiger. *(© Stadtwerke Stuttgart/ Leif Piechowski)*

Leistungsdaten:

- Dachgeneratoren: 38,2 kW
- Fassadenanlage: 6,875 kW
- Vordach zur Fassade: 6,62 kW
- Speicher: 28,2 kWh (netto)

Kosten:

ca. 120.000 Euro
(Die Solartechnik war Bestandteil der gründlichen Modernisierung des Gebäudes. Die Investition war insgesamt also deutlich höher.)

Im Einzelnen wird die erzeugte Solarenergie wie folgt genutzt:

- direkter Eigenverbrauch 34.387 kWh/Jahr
- Netzeinspeisung 6.615 kWh/Jahr
- Batterieladung 4.954 kWh/Jahr

Die Deckung des Verbrauchs von 89.828 kWh setzt sich folgendermaßen zusammen:

- gedeckt durch PV 34.387 kWh/Jahr
- gedeckt durch Netz 51.185 kWh/Jahr
- gedeckt durch Batterie (netto) 4.328 kWh/Jahr

Die Energieflüsse kann man sich schnell und übersichtlich in der Energieflussgrafik ansehen.
Ein wichtiges Kriterium für den Bau einer PV-Anlage, insbesondere an Fassaden, ist der Einfluss der Verschattung auf den Ertrag. Im vorliegenden Fall ist die Ertragsminderung durch die benachbarten Gebäude relativ gering und beträgt 3,4 %. Die Anlage wurde wie geplant im September 2017 realisiert und läuft seitdem problemlos.

5.4.2 Statische Auslegung (DIN 18008)

Für die Unterkonstruktion der Solarmodule an der Fassade gelten die üblichen Vorschriften für den klassischen Fassadenbau. Für die statische Planung und Installation gilt DIN 18008, die entsprechende Norm für Verbundsicherheitsglas. Solarmodule werden dem VSG zugeordnet. Manche Hersteller lassen ihre Fassadenmodule und die Unterkonstruktionen vom TÜV oder dem Deutschen Institut für Bautechnik als Bauprodukt zertifizieren (allgemein bauaufsichtliche Zulassung, abZ). Dann brauchen die Module keine zusätzlichen Nachweise. Wenn zudem das Montagesystem für die Fassade über eine abZ verfügt, kann man diese Systeme ohne Einzelfallprüfung einbauen.
Haben die Solarmodule und das Montagesystem eine solche Zertifizierung nicht, bleibt dem Anlagenplaner der Weg über den statischen Einzelfallnachweis. Wichtig ist, dass Solarfassaden in der Regel als Überkopfverglasungen gelten. Sie sind entsprechend sicher auszulegen und zu installieren, um Schäden durch herabfallende Teile zu vermeiden. Das ist keine besondere Anforderung an Solarfassaden, sondern gilt generell für Fassaden mit VSG.
Architektinnen und Architekten achten bei der Gestaltung von Fassaden unter anderem auf die Linienführung und Homogenität. Gerahmte Module oder Solarmodule in speziellen Kassettenkonstruktionen erlauben sehr streng gegliederte Fassaden mit technischer Optik. Rahmenlose Module hingegen bieten nahezu homogene Flächen ohne Unterbrechungen oder Lücken.

Im oben beschriebenen Fall der Südfassade im Stuttgarter Westen wurde die Statik durch Einzelfallberechnung nachgewiesen. Da sich unter der Solarfassade ein schützendes Vordach mit Blecheindeckung befindet, wurde die Anlage auf gerahmte Glas-Folie-Module ausgelegt. Ohne Vordach wären zertifizierte Glas-Glas-Module mit abZ die erste Wahl gewesen.
Die statische Auslegung erfolgte durch den Lieferanten des Montagesystems:

- Anzahl Solarmodule: 25
- Gewählter Unterstützungsabstand: 1.200 mm
- Auskragung: 400 mm
- Modulträger: Solo Light
- Klemmentyp: Rapid
- Befestigung: Stockschraubenset 10 x 200 montiert

Hinzu kamen Daten zur Elementneigung (Fassade: 90°), Modulhöhe, Höhe über NN und die Firsthöhe sowie Lastannahmen und die Geländekategorie. Sie bildet unter anderem den Gebäudebestand der Nachbarschaft ab. Auch Windlasten wurden definiert. Schneelasten werden bei einer Solarfassade mit null angesetzt (anders als auf dem Dach).
Aus diesen und weiteren Daten wurden die Lastverteilung und die Konstruktion der Fassadenhalterung berechnet. Es folgte die Berechnung der vertikalen und horizontalen Schnittkräfte und der Nachweis der Modulträgerprofile (zulässige Stützweiten). Anschließend wurden die Stockschrauben und die Modulklemmen berechnet und nachgewiesen.

5.5 Brandschutz

Dem Brandschutz gilt stets besonderes Augenmerk, denn Fassaden und Dächer sind komplexe und hart beanspruchte Bauteile. Zudem müssen sie ihre Aufgaben über viele Jahre erfüllen, ohne das Funktion und Schutz eingeschränkt werden.
Speziell für Photovoltaikanlagen wurde gemeinsam mit den Feuerwehren ein „Leitfaden zur Bewertung des Brandrisikos in Photovoltaikanlagen und Erstellung von Sicherheitskonzepten zur Risikominimierung" erstellt. Er entstand im Auftrag des Bundes, beteiligt waren der TÜV Rheinland, das Fraunhofer-Institut für Solare Energiesysteme, die Deutsche Gesellschaft für Sonnenenergie, die Branddirektion München, die Berner Fachhochschule sowie Firmen. Der Leitfaden ist hier kostenlos erhältlich: www.pv-brandsicherheit.de
Ohne sich zu sehr in die Details zu vertiefen, wollen wir einige nützliche Hinweise zum Brandschutz von Solarsystemen am Gebäude geben. Generell besteht der Brandschutz aus dem vorbeugenden Brandschutz und dem abwehrenden Brandschutz.

5.5.1 Vorbeugender Brandschutz

Er umfasst alle baulichen, anlagentechnischen und organisatorischen Maßnahmen, um Überhitzungen und Bränden vorzubeugen. Das Brandverhalten von Baustoffen ist in der deutschen Normenreihe DIN 4102 und der internationalen DIN EN 13501 definiert. Darin wird die Verkleidung von Fassaden nach der Höhe des Bauwerks klassifiziert. Für fassadenintegrierte Solarmodule gilt meist die Klasse B1 (schwer entflammbare Baustoffe). Eine gewisse Rauchentwicklung ist zugelassen, es dürfen bei einem Brand aber keine Stoffe von der Fassade fallen oder tropfen.

Für die Fassaden von Hochhäusern ab 22 m sind nicht brennbare Baustoffe (Klassen A1 und A2) vorgeschrieben. Bei ihnen werden weder Rauch noch abfallende Brandreste toleriert.
Ob ein Gebäude ein Brandschutzkonzept benötigt, hängt von seiner Größe und Nutzung ab. Wenn das Gebäude gemäß Bauordnung in Abschnitte zu unterteilen ist, wird ein solches Konzept notwendig. Bei kleinen Wohnhäusern trifft das meist nicht zu.
Wird ein Konzept benötigt, sollte ein Sachverständiger für den Brandschutz (wie auch den Schutz gegen Blitz und Überspannungen) ins Planungsteam kommen.
Speziell an großen Solarfassaden sind Brandsperren vorzusehen, etwa durch Glattbleche oder gekantete Bleche. Gegliederte Gebäudeensembles sind durch Brandwände zu scheiden. Dachgeneratoren müssen bestimmte Abstände zu den Brandwänden einhalten.
Zum vorbeugenden Brandschutz gehört die regelmäßige Durchsicht des Solargenerators und der Anschlusskabel. Denn fehlerhafte Lötstellen an den Solarzellen oder korrodierte Stecker bergen das Risiko der örtlichen Überhitzung (Hot Spots), die sich bis zu Lichtbögen auswachsen können. Deshalb baut man Lichtbogendetektoren ein bzw. sie sind in der Leistungselektronik enthalten.
Kurzschlusssysteme und Detektoren können die Anlage abregeln, bis die Lichtbogen verlöschen. In jedem Falle muss der Fehler gefunden werden, um die Anlage wieder betriebsbereit zu machen.

TIPP Zum Brandschutz dazu gehört unbedingt der fachmännische Schutz gegen Blitz und Überspannungen. Wer an dieser Stelle spart, hat unter Umständen später das Nachsehen!

Zwar ist er nur für öffentliche Gebäude vorgeschrieben. Nach Auffassung der Autoren gehört diese Schutzart jedoch zwingend zur Solartechnik, um den reibungslosen Betrieb zu gewährleisten und Risiken zu minimieren – auch auf Einfamilienhäusern.

5.5.2 Abwehrender Brandschutz

Er ist Sache der Feuerwehr, greift also im Falle eines Brandes. Solaranlagen erhöhen das Risiko eines Brandes am oder im Gebäude nicht. Da sie jedoch elektrische Spannungen führen, müssen sie im Brandfall spannungsfrei geschaltet werden. Das erfolgt durch Freischalter, wie für die Hauselektrik ohnehin üblich und vorgeschrieben.
Die Freischalter sind in der Nähe zum Netzanschluss der Anlage zu positionieren und werden von den Löschkräften ausgelöst. Auch Speicherbatterien brauchen Freischalter, weil sie gleichfalls Spannung ins Hausnetz abgeben können, auch wenn der Netzanschluss getrennt wurde.
Zudem sind die Freischalter (auch als DC-Notschalter bezeichnet) so zu konfigurieren, dass sie die Spannung möglichst nah an den Solarmodulen freischalten. Damit sind die langen Kabelstrecken vom Dach zum Wechselrichter im Keller spannungsfrei. DC-Optimierer und Mikrowechselrichter verfügen über integrierte Freischalter. Bei Netzausfall schalten sie die Module automatisch ab.

TIPP Die Feuerwehren in den einzelnen Bundesländern halten Merkblätter und Hinweise bereit, welche Anforderungen die Solaranlagen erfüllen müssen.

Im Zweifelsfalle ist es sinnvoll, einen Experten der Feuerwehr schon bei der Planung der Solarfassade um Einschätzung zu bitten. Weil die Photovoltaik mittlerweile bekannt und Standard ist, haben die Feuerwehren bereits ausreichend Erfahrung, die sie in den Planungsprozess einbringen können.

5.6 Schutz gegen Blitz und Überspannungen

Wenn eine Photovoltaikanlage auf den Dächern oder an der Fassade stromt, sind die Generatoren durch geeignete Maßnahmen abzusichern. Fangstangen, Erder und Überspannungsschutzschalter gehören ebenso zur Anlagentechnik wie Solarmodule, Wechselrichter oder Verkabelung – auch wenn sie der Gesetzgeber nicht zwingend vorschreibt. Die Kosten für fachgerechten Blitzschutz belaufen sich auf einige hundert bis tausend Euro, unbedeutend gegenüber der Investition in die Anlage, die es zu schützen gilt.

Der Schutz eines Gebäudes gegen Blitz und Überspannungen ist keine Angelegenheit, die nur das Dach betrifft. Im Gegenteil: Viele Überspannungsschäden (Blitze) treten von unten durch den Keller ins Gebäude ein. Etwa, wenn der Blitz in der Nachbarschaft in den Mast einer Stromleitung oder in einen Transformator einschlägt.

Früher beschränkten sich Blitzschäden auf einige wenige elektrische Haushaltsgeräte. Heute sind daneben Computer, elektrische Tore, Photovoltaikgeneratoren, Brennstoffzellen und Speicherbatterien an die Hausversorgung angeschlossen. Mancherorts hängt schon ein Elektroauto an der Ladedose in der Garage.

TIPP Mit der Digitalisierung und der Sektorkopplung steigt der Bedarf, die elektrischen Versorgungssysteme und die Solargeneratoren zu sichern.

Denn die Schäden wachsen: Laut Gesamtverband der Deutschen Versicherungswirtschaft werden jährlich zwischen 300.000 und 500.000 Schäden gemeldet, die auf Blitze und Überspannungen zurückgehen. Diese verursachten 2014 einen Schaden von 340 Millionen Euro. 2013 lag die Schadenssumme bei 280 Millionen Euro. 2015 wuchs die Schadenssumme weiter an. Das bedeutet: Je Schadensfall steigen die Kosten, denn die Gebäude sind zunehmend mit hochwertiger Elektronik und elektrischen Haushaltsgeräten ausgestattet.

Mit Blitzen ist es wie mit einem Wanderzirkus. Nie kann man vorhersagen, wo sie niedergehen. 2014 zählte der Blitzdienst von Siemens (Blids) bundesweit rund 622.636 Einschläge im gesamten Bundesgebiet, 15 % mehr als 2013. Spitzenreiter war Cottbus, mit 8,42 Blitzen je Quadratkilometer.

Mit nur 0,23 registrierten Blitzen verzeichneten der Landkreis Aurich und die Stadt Passau die geringste Zahl an Einschlägen. Hinter Cottbus landete damals der Landkreis Spree-Neiße mit 7,26 Blitzeinschlägen pro Quadratkilometer. Auf dem dritten und vierten Platz folgten Schweinfurt mit 5,46 und Leipzig mit 5,27. Im Jahr davor (2013) war das oberfränkische Coburg mit 6,39 Einschlägen die Hauptstadt, 2012 Memmingen mit 7,4 Blitzen pro Quadratkilometer.

Im Jahr 2015 verlagerte sich der meteorologische Wanderzirkus gen Süden. Da gingen die meisten Blitze in Schweinfurt nieder: 4,5 Einschläge pro Quadratkilometer. Dahinter folgten der Erzgebirgskreis in Sachsen mit 4,3 und der Landkreis Garmisch-Partenkirchen mit 4,1. Die geringste Blitzdichte verzeichneten die Stadt Kiel mit 0,18 und der Landkreis Plön in Schleswig-Holstein mit 0,23. Insgesamt registrierte Blids 2015 bundesweit 549.784 Blitze, etwa 8 % weniger als 2014.

Niemand ist vor Blitzen sicher. Und niemand kann sich – versicherungstechnisch gesprochen – auf höhere Gewalt berufen, wenn der Blitz in die Solarmodule rauscht. Oder über das Erdreich und die Hauselektrik ins Gebäude eindringt.

Im Herbst 2016 wurden zwei wichtige Normen neu gefasst. Die DIN VDE 0100-443 und DIN VDE 0100-534 regeln den Schutz bei Überspannungen in Stromversorgungen bis 1.000 V (AC) und 1.500 V (DC).

Die DIN VDE 0100-443 beschreibt die Anforderungen für den Schutz elektrischer Anlagen gegen transiente Überspannungen, die über das Stromversorgungsnetz übertragen werden, inklusive Schaltüberspannungen und Überspannungen aufgrund atmosphärischer Einflüsse. Maßnahmen gegen solche Überspannungen werden auch als innerer Blitzschutz bezeichnet, weil jene in der Regel durch den Hausanschluss ins Gebäude eintreten oder in den Stromleitungen des Hauses wirksam werden – ohne dass ein Einschlag auf dem Dach erfolgt.
Die aktuelle DIN VDE 0100-443 schließt Wohnhäuser und kleine, gewerblich genutzte Gebäude verbindlich ein. Zudem wird bei freileitungsgespeisten Anlagen ein Überspannungsschutz gefordert.
Parallel zur DIN VDE 0100-443 erschien 2016 die überarbeitete DIN VDE 0100-534, welche die Anwendung und Auswahl von Überspannungsschutzeinrichtungen (SPD) regelt.
Für den Blitzschutz gilt die DIN EN 62305. Sie ist in vier Teile gegliedert: allgemeine Grundsätze, Risikomanagement, Schutz von baulichen Anlagen und Personen, elektrische und elektronische Systeme in baulichen Anlagen. Sie bietet Daten zur Blitzgefährdung in Deutschland, Berechnungshilfen zur Abschätzung des Schadensrisikos für bauliche Anlagen sowie Informationen für die Prüfung und Wartung von Blitzschutzsystemen.
Die Norm berücksichtigt die Gefährdung (direkte und indirekte Blitzeinschläge, Strom und Magnetfeld des Blitzes), die Schadensursachen (Schritt- und Berührungsspannung, gefährliche Funkenbildung, Feuer, Explosion, mechanische und chemische Wirkungen, Überspannungen), die zu schützenden Objekte (Gebäude, Personen, elektrische und elektronische Anlagen, Versorgungsleitungen) und die Schutzmaßnahmen (Erdungsmaßnahmen, Potenzialausgleich-Maßnahmen, räumliche Schirmung, Leitungsführung und Leitungsschirmung, Einsatz von Überspannungsschutzgeräten).
Zum Teil 3 (Ausführung) erschien 2014 das neue Beiblatt 5 „Blitz- und Überspannungsschutz für PV-Systeme“. In dem dreißigseitigen Werk werden alle Details zum fachgerechten Schutz der Solaranlagen gegen Blitze und Überspannungen erläutert. Neue technische Regeln begründet dieses Beiblatt nicht. Die Ausführungen im Beiblatt sind keine Verpflichtung, sondern sollen helfen, die Blitzschutznorm richtig umzusetzen.
Zwischenzeitlich wurden auch weitere Normen und Vorschriften modernisiert:

- DIN EN 62561 VDE 0185-561-1 (Blitzschutzsystembauteile)
- DIN EN 50539-11 VDE 0675-39-11 (Produktnorm für Überspannungsschutzgeräte)
- DIN CLC TS 50539-12 VDE V 0675-39-12 (Überspannungsschutzgeräte für den Einsatz in Photovoltaik-Installationen)
- DIN VDE 0100-712 (PV-Stromversorgungssysteme)

Die Schadensversicherer bieten eine eigene Richtlinie zum Blitz- und Überspannungsschutz für Photovoltaikanlagen an, zu finden hier: vds.de/fileadmin/Website_Content_Images/VdS_Publikationen/vds_3145_web.pdf

5.7 Weitere Schutzmaßnahmen

Oft vernachlässigt wird der zoologische Aspekt der Photovoltaik. Die Verkabelung lockt beispielsweise Ratten oder andere Nager an. Marder machen es sich unter den Solarmodulen bequem. Waschbären knabbern gleichfalls mit Vorliebe an den Kabeln und Steckern, vom Weichmacher in der Isolation angezogen.
Deshalb sind die Anlagen durch Modulgitter oder andere geeignete Maßnahmen (verblechte Kabelführung, hochgebundene Modulstecker) vor Tierverbiss zu schützen.
Bei Aufdachanlagen entsteht zwischen der Dacheindeckung und den Solarmodulen ein Spalt. Dort nisten sehr gern Tauben und andere Vögel, selbst auf Dächern, die sie vor-

her gemieden haben. Denn unter den Solarmodulen auf Schrägdächern entstehen kleine Spalte, die von den Vögeln für den Nestbau bevorzugt werden.
Den Tierschutz nachträglich zu installieren kann teuer werden. Denn die Anlage beispielsweise auf dem Dach muss neu eingerüstet werden. Deshalb ist der Schutz gegen Fraß und Vögel schon bei der Installation der Dachanlage und der Solarfassade zu planen und zu installieren.
Vogelkot kann zum Problem werden, wenn er die Frontgläser der Solarmodule teilweise verunreinigt und somit die Zellen lokal verschattet. Dann sinkt der Energieertrag aus der Photovoltaikanlage, sie bedarf der Reinigung.

5.8 Anlagendokumentation

Alle Schritte der Planung sowie die beschriebenen Schutzmaßnahmen sind ausführlich zu dokumentieren. Dazu gehören die Datenblätter, Prüfprotokolle und Zertifikate der Komponenten nebst Garantien und Gewährleistung. Die Dokumentation umfasst alle Pläne (Modulbelegung, Unterkonstruktion, elektrische Verschaltung, Netzanschluss, NA-Schutz usw.), Berechnungen (Verschattung, solare Erträge, statische Nachweise usw.) und Fotos der Installation. Auch die Genehmigung und Anmeldung der Anlage beim Netzbetreiber sowie die Inbetriebnahme sind genau zu dokumentieren.
In die Anlagendokumentation gehören zudem alle nach der Inbetriebnahme getätigten Veränderungen, Prüfungen, Wartungen und Reparaturen.

5.9 Baugenehmigung

Ob und in welchem Umfang die Solarfassaden und die Solardächer von den Vorgaben der Landesbauordnungen betroffen sind, wird in den Bundesländern, in Österreich und der Schweiz verschieden gehandhabt.
Mit dem wachsenden Verständnis für den drohenden Klimakollaps haben zahlreiche Bundesländer und Kommunen ihre Bauvorschriften für die Photovoltaik vereinfacht. Ein Beispiel ist das Land Berlin. 2016 wurden im § 62 der Bauordnung (BauO Bln) nachträgliche Dämmmaßnahmen und der Einbau von Solaranlagen verfahrensfrei gestellt. Davor waren nur integrierte Solaranlagen verfahrensfrei gestellt. Seit 2016 gilt die Verfahrensfreiheit auch für Solaranlagen auf Dächern und Fassaden.
In einigen Bundesländern sind aufgeständerte Aufdachanlagen nicht von der Baugenehmigung befreit. Sicherheitshalber können die Architektin oder der Architekt den Bau beim Amt anzeigen, vor allem, wenn es um öffentliche oder denkmalgeschützte Gebäude geht. In diesem Falle muss die Behörde prüfen und Auskunft geben, ob eine Genehmigungspflicht besteht. Damit ist man immer auf der sicheren Seite.

Das obere Stockwerk des Gebäudes im schweizerischen Wyssachen wurde komplett mit Solarmodulen eingekleidet. Sie liefern rein rechnerisch mehr Energie als das Unternehmen im Gebäude für die Strom- und Wärmeversorgung braucht. Dadurch wird es bilanziell autark.
(Planung, Bau und Bild by www.clevergie.ch)

6

Reduktion der Gewerke: solarelektrisches Gebäude

6.1 Alle Flächen nutzen!

Die Erzeugung von Sonnenstrom wird zur neuen Funktion des Gebäudes. Flächen auf dem Dach und an der Fassade liefern nutzbare Energie – sauber, zuverlässig und sehr preiswert. Dadurch ergibt sich die Chance, die Versorgung von Gebäuden und Fahrzeugen auf eine einzige Quelle zu reduzieren: elektrischer Strom.

Bisher existieren in den meisten Gebäuden drei Systeme nebeneinander: Hausstrom, Wärme aus Gas, Heizöl oder Fernwärme und flüssige Kraftstoffe für die Verbrennungsmotoren der Fahrzeuge. Rechnet man alle Kosten für die Herstellung, den Anlagenbetrieb, den Rückbau und Schadstoffe zusammen, ist Sonnenstrom schon heute konkurrenzlos preiswert.

Wer die verfügbaren Flächen am Gebäude konsequent (und ästhetisch ansprechend) für Sonnenstrom nutzt, kann bei der Wirtschaftlichkeit einen enormen Sprung nach vorn machen. Es zeichnet sich bereits ab, dass ausschließlich solarelektrisch versorgte Gebäude die niedrigsten Betriebskosten (inklusive der Kosten für Emissionen und Abfälle) erzielen. Noch stehen dem die Preise für Lithiumspeicher entgegen, doch der Trend ist auch bei den Stromspeichern eindeutig abwärts gerichtet.

TIPP Wer die Betriebskosten des Gebäudes nachhaltig senken will, nutzt alle solar verfügbaren Flächen aus.

Der mächtigste ökonomische Hebel ist die E-Mobilität. Den Ladestrom für die Fahrzeuge selbst zu erzeugen, wird nicht nur das Stromnetz verändern. Er spart den privaten Haushalten, den Unternehmen und Kommunen enorme Summen für den Kraftstoff und den Betrieb der Fahrzeuge.

Das Ziel muss es sein, möglichst den gesamten Sonnenstrom im Gebäude und für seine Nutzer zu verbrauchen. Überschüsse ins Stromnetz abzugeben, wird künftig keinen Sinn mehr ergeben. Der überschüssige Strom fließt besser ins E-Auto oder wird zu symbolischen Preisen an die Kita um die Ecke abgegeben – wenn nicht gar verschenkt.

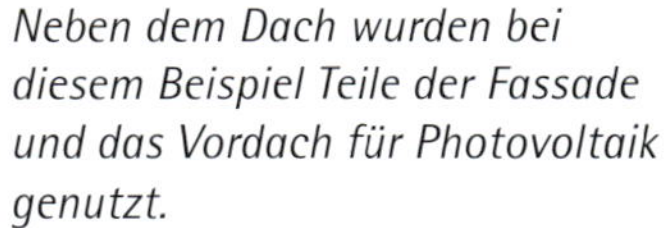

Neben dem Dach wurden bei diesem Beispiel Teile der Fassade und das Vordach für Photovoltaik genutzt.
(© Cleantech Media/ Martin Jendrischik)

Alle Dachflächen solar genutzt, auch die Carports: Dadurch wird der Bedarf an Reststrom im Winter sehr gering.
(© Firma KSE aus Eichenzell, www.k-s-e.com)

Dieses Wohnhaus in Eichenzell bei Fulda hat nur noch eine elektrische Versorgung. Eine hydraulische Wärmeverteilung gibt es nicht mehr.
(© Heiko Schwarzburger)

Bei diesen Neubauten in Lübben wurden die Dächer und Fassaden optimal mit Photovoltaik belegt. (Visualisierung).
(© Timo Leukefeld GmbH)

6.2 Reduktion des technischen Aufwands

Der entscheidende Vorteil der solarelektrischen Vollversorgung ist, dass der technische Aufwand für die Haustechnik und die Energieverteilung enorm schrumpft. Statt hydraulische Systeme (Rohre, Pumpen, Regler, Messtechnik) braucht die Wärmeversorgung nur noch übliche Elektrik. Ist dieser Schritt getan, stellt sich die Frage, ob im Gebäude überhaupt noch Wechselstrom benötigt wird. Viel einfacher zu verteilen, zu steuern und zu sichern ist Gleichstrom. Das ist noch Zukunftsmusik, deutet sich aber bereits an. Denn Solargenerator, Brennstoffzelle, Speicherakkus und E-Autos sind Gleichstromsysteme.
Moderne Gebäude brauchen keine Brenner mehr, keine Radiatoren und keine hydraulischen Heizflächen. Das ganze Gebäude wird einzig und allein mit elektrischem Strom versorgt, auch Wärme oder Kühlung. Das reduziert die Zahl der Gewerke am Bau, die Zahl der planenden Spezialisten, den Installationsaufwand und somit die Kosten deutlich.

TIPP Ohne Brenner, ohne hydraulische Verrohrung oder Pumpen: Die Energieversorgung der Gebäude erfolgt durch elektrischen Strom vom Dach und aus der Fassade. Reststrom im Winter kommt aus dem Stromnetz – oder wird durch Brennstoffzellen erzeugt.

Ein Beispiel (siehe Abbildungen Seite 129): Ein Zehn-Parteien-Wohnhaus in Eichenzell bei Fulda wird komplett aus Photovoltaik und dem Stromnetz versorgt – auch Wärme, Kühlung und Warmwasser. Die Mieter rechnen über Flatrate ab. Das spart Zähler, Gewerke und Technik.
Denn was bis vor wenigen Jahren noch utopisch klang, wird nun Realität: Solarelektrisch versorgte Gebäude bieten höchsten Wohnkomfort, sind ökologisch und kommen mit geringen Kosten aus. Bei dem Neubau in Eichenzell wurde das Gebäude konsequent enttechnisiert. Mit der Photovoltaik ist die Versorgung von Ende Februar bis weit in den Herbst hinein autark. Im Winter wird der fehlende Strom aus dem Netz zugekauft.
Das Wohnhaus bietet zehn Wohnungen für eine oder zwei Personen, je Wohneinheit rund 70 m^2. Bauherr ist ein ambitionierter Solarexperte, der über viel Erfahrung mit

Solargeneratoren verfügt. Das Wohnhaus wurde ausschließlich mit Aufdachanlagen realisiert, eine solare Fassade war nicht notwendig.
Auf dem leicht geneigten Flachdach und den nebenstehenden Carports wurden rund 78 kW Solarmodule installiert. Ein leistungsfähiger Stromspeicher bildet das Herz der Versorgung im Wohnhaus.
Eine klassische Wärmeversorgung mit Brenner oder Wärmepumpe, hydraulischen Steigleitungen und Warmwasserverrohrung gibt es nicht. Die Wohnungen werden elektrisch beheizt, über Infrarot-Heizmatten, die in die Decken eingespachtelt sind. In den Fluren, Bädern und Küchen hängen elektrische IR-Heizplatten unter der Decke, das genügt vollauf.
Warmwasser wird an jeder Zapfstelle separat erzeugt, mit elektrischen Durchlauferhitzern. Um die erforderliche Leistung zu puffern, steht ein Batterieschrank (TS HV 70) im Hausflur, eine Hochvoltbatterie. Er leistet 75 kW dauerhaft, bis 240 kW kurzzeitig in der Spitze.
Seine Speicherkapazität beträgt 76 kWh. Leistungsspitzen kommen nicht im Netz an. Auch wenn alle Durchlauferhitzer gleichzeitig laufen, merkt das Netz davon nichts. Der Speicher erlaubt eine sehr hohe Autarkie.
Gesteuert wird die Technik über ein Smart-Home-System. Damit können die Mieter beispielsweise die Temperaturen in ihren Räumen aus der Ferne einstellen, per App.
Im Speicherschrank stecken 14 Batteriemodule, daneben hängen der Photovoltaikzähler und der Hauszähler, leicht zugänglich in einer Nische im Treppenhaus.
In den Wohnungen der Mieter wurde komplett auf Zähler verzichtet. Es gibt nur den Hauszähler zum Energieversorger und die Messgeräte der Smart-Home-Steuerung. Allein das spart erhebliche Kosten für den Einbau und den Betrieb der Wohnungszähler, ganz abgesehen vom eichrechtlich vorgeschriebenen Austausch alle paar Jahre.
Mit den Mietern rechnet der Eigentümer eine Flatrate ab, die auch Kaltwasser einschließt. Durch die Enttechnisierung des Hauses wurden die Baukosten stark gesenkt. Das Geld steckte der Bauherr lieber in solide Solartechnik und den großen Stromspeicher. In 15 Jahren hat sich die Investition der Immobilie amortisiert.

Smart-Home-Lösung in einem solarelektrisch versorgten Wohnhaus mit zehn Mietparteien.
(© Heiko Schwarzburger)

Die solarelektrische Vollversorgung benötigt ein effizientes Energiemanagement- oder Smart-Home-System.
(© Heiko Schwarzburger)

Dieser Holzriegelbau in Oberösterreich wird ausschließlich elektrisch versorgt – zum größten Teil mit Solarstrom.
(© my-PV GmbH)

Wohnungszähler in einem Vier-Parteien-Wohnhaus, das mit Photovoltaik, BHKW und Stromspeicher versorgt wird.
(© Andreas Burmann/E3/DC GmbH)

TIPP Die solarelektrische Vollversorgung senkt die Baukosten und den technischen Aufwand im Gebäude. Es erlaubt die Abrechnung der Energiekosten über eine Flatrate, was wiederum den Aufwand für Zähler deutlich mindert.

Der Bau begann 2017, im September 2018 zogen die ersten Mieter ein. Mittlerweile ist es voll vermietet. Durch die Energie-Flatrate erzielt der Eigentümer eine höhere Nettokaltmiete. Das kommt seinem Return of Investment zugute.
Das Smart-Home-System steuert zudem den Sonnenschutz beziehungsweise Sichtschutz der Räume und den Zugang zum Gebäude. Nicht einmal die guten alten Schlüssel gibt es noch. Wenn jemand den Schlüssel verliert, muss man normalerweise alle Systemschlüssel austauschen. Das ist sehr teuer. Die Mieter in Eichenzell bekommen dagegen einen smarten Button, in dem die Zugriffsrechte der Mieter codiert sind.

6.3 Eigenverbrauch maximieren!

6.3.1 Sektoren koppeln

Das Beispiel zeigt: Die gesamte Energieversorgung ist in einem Ansatz zu planen, aus einer Hand, energetisch gesehen. Sektorkopplung bezeichnet die vermehrte Nutzung von elektrischem Strom für die Wärmeversorgung von Gebäuden, ihre Klimatisierung und die Mobilität.
Fossile und nukleare Energieträger werden aufgrund ihrer klima- und gesundheitsschädlichen Risiken künftig durch sauberen Strom aus Photovoltaik, Windkraft oder der Verbrennung von Wasserstoff (Power to Gas) ersetzt.

Das Mehrfamilienhaus in Wien hat eine große Aufdachanlage, die das Gebäude weitgehend versorgt. (© Daniel Waschnig Photography)

TIPP Elektrischer Strom lässt sich leicht und verlustarm in Wärme und mechanische Arbeit (Fahrzeugmotoren, Maschinen) wandeln. Umgekehrt geht das nur mit hohem technischen Aufwand.

Umgekehrt funktioniert diese Energiewandlung nicht oder nur teilweise, mit hohem technischem und finanziellem Aufwand. Zudem lässt sich elektrischer Strom gut und schnell regeln oder speichern. Er lässt sich deutlich einfacher und verlustärmer verteilen als beispielsweise Wärme, die in der Regel ein Wärmeträgermedium (Luft, Wasser, Öle, Feststoffe) und somit Rohre und Pumpen benötigt.
Die Sektorkopplung wird den Bedarf an sauberem Ökostrom deutlich erhöhen, weil Wärme und E-Mobilität mitversorgt werden müssen. Deshalb ist der Ausbau von Windkraft und Photovoltaiksystemen der Schlüssel zur erfolgreichen Energiewende, um die Klimaerwärmung zu begrenzen. Und er ist der Schlüssel zu Gebäuden, die sich und ihre Nutzer auf preiswerte und saubere Weise selbst versorgen.

6.3.2 Energiemanagement

Eine zentrale Rolle bei der Maximierung des Eigenverbrauchs spielt die intelligente Steuerung der Stromerzeugung, der Stromspeicher und der elektrischen Verbraucher im Gebäude. Die dafür zuständigen technischen Systeme sind Energiemanager, Smart Home und die Gebäudeautomation (gewerbliche Anwendungen).
Der Energiemanager oder das Energiemanagementsystem (EMS) ist ein kleines Gerät – bestehend aus Steuerhardware und Software –, das komplexe Energieströme im Gebäude (Erzeuger, Speicher und Verbraucher von Strom und Wärme) optimiert. Sein Ziel ist es, dass so wenig wie möglich Sonnenstrom ans Stromnetz abgegeben wird. Der Energiemanager nutzt Speicherkapazitäten und verschiebbare Lasten, um erzeugten Sonnenstrom im Gebäude zu halten, bis er verbraucht wird.

Der einfachste Energiemanager kann der Solarwechselrichter sein, der den Sonnenstrom zunächst ins Versorgungsnetz des Gebäudes oder in die Speicherbatterie schickt. Erst wenn danach Überschüsse anfallen, schaltet er den Sonnenstrom zum Netz frei.
Spezielle Energiemanagementsysteme sind je nach Komplexität der Gebäudeversorgung für Einfamilienhäuser bis hin zu industriellen Anwendungen für Unternehmen erhältlich. Intelligente Systeme für Wohnhäuser bezeichnet man als Smart Home. Sie beinhalten jedoch mehr als das Energiemanagement, zum Beispiel Sicherheitsfunktionen oder die Verbesserung des Wohnkomforts durch die Steuerung von Beleuchtung oder Hintergrundmusik – gesteuert über eine App vom Smart Phone.
Der Begriff Gebäudeautomation gilt eher für betriebliche, kommunale und gewerbliche Anwendungen, beispielsweise in Bürogebäuden, Fabriken, Schulen oder anderen Anwendungen. Sie gehen über die Anforderungen von Wohngebäuden hinaus.

6.3.3 Warmwasser

Der erste Schritt zur Maximierung von Eigenverbrauch ist die Trennung von Warmwasserbereitung und Raumwärme. Moderne Gebäude sind so gut gedämmt, dass sie kaum Heizenergie benötigen. Anders beim Warmwasser: Sein Bedarf hängt von der Zahl der Nutzer oder vom Bedarf an Prozesswärme (Werkstätten, Fabriken) ab. Kurzzeitig hohe Bedarfsspitzen wechseln mit Phasen, in denen kein oder wenig Warmwasser benötigt wird.
Hier einige Tipps für die möglichst effiziente Aufbereitung von warmem Trinkwasser und Heizwasser und ebenfalls zur Kühlung:

TIPP Zentrale Systeme sind (fast) immer zu groß!

Wer Warmwasser zusammen mit der Heizwärme mit einem Kessel oder einer Wärmepumpe erzeugt, kann sein Gebäude niemals effizient oder kostengünstig versorgen. Der Grund: Warmwasser wird während des ganzen Jahres benötigt, Heizwärme nur in den kalten Monaten der Übergangszeit und der Heizperiode. Und: Der Bedarf an Warmwasser hängt von der Anzahl der Zapfstellen und ihrer Nutzung im Gebäude ab, von den Ansprüchen seiner Nutzer.
Der Bedarf an Heizwärme hingegen hängt von der thermischen Qualität des Gebäudes ab, also von den Wärmeverlusten durch das Dach, den Keller und die Außenwände sowie von den Verlusten durch die Lüftung.

TIPP Kurzzeitig hohe Leistung mit kleinen Speichern!

Warmwasser wird meist stoßweise benötigt, vor allem in Wohngebäuden, in Hotels oder Kliniken (Desinfektion). Bürogebäude hingegen kommen meist mit einer kleinen Teeküche aus, in der Warmwasser mit elektrischen Boilern erhitzt werden kann. Stoßweiser Bedarf – etwa ein Vollbad oder eine Dusche – bedeutet, dass Warmwasser lieber durch einen leistungsfähigen Durchlauferhitzer oder Boiler mit kleinem Wasserspeicher erzeugt wird. Es wird genau dann erhitzt, wenn man es benötigt. Dagegen bringt die lange Speicherung von Warmwasser erhebliche Energieverluste in den Speichertanks und der Verrohrung mit sich. Auch muss ein Warmwasserspeicher mit mehr als 3 Litern Inhalt regelmäßig auf mehr als 65 °C erhitzt werden, damit schädliche Keime und Mikroben abgetötet werden. Denn Warmwasser ist Trinkwasser – bei der Hygiene darf es keine Abstriche geben! Bei Durchlauferhitzern sind solche Sorgen überflüssig.

Die E-Heizstäbe modulieren ihre Wärmeleistung nach Bedarf. Als Wärmeträgermedium fungieren zum Beispiel hydraulische Speicher. (© my-PV GmbH)

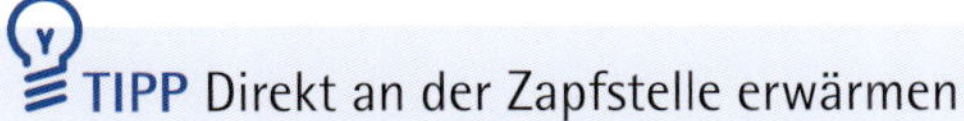

TIPP Direkt an der Zapfstelle erwärmen!

Experten haben errechnet, dass in einem Einfamilienhaus bei zentraler Bereitung des Warmwassers im Keller rund 42,4 % der Wärme als Verluste ungenutzt bleiben. In einem Dreifamilienhaus sind es gar 47,7 %, in einem Mehrgeschosser für zwölf Familien rund 44,4 %. Demgegenüber liegen die Wärmeverluste bei dezentraler Bereitung an der Zapfstelle zwischen 2,8 und 3,2 %.

TIPP Anlaufverluste nicht unterschätzen!

Interessant sind auch die Anlaufverluste, die sich durch erhöhten Wasserverbrauch bemerkbar machen. Denn lange Steigleitungen brauchen einige Zeit, bis das warme Wasser umgewälzt ist und an der am weitesten entfernten Zapfstelle anliegt.
Die zentrale Versorgung im Einfamilienhaus verursacht 5 Liter Anlaufverluste am Tag, gegenüber 1,5 Liter bei dezentraler Bereitung. Im Dreifamilienhaus steigen die Anlauf-

verluste bei zentraler Versorgung auf knapp 7 Liter am Tag. Im Vergleich dazu gehen bei dezentraler Bereitung nur rund 3 Liter verloren.
Im zentral versorgten Zwölf-Familien-Haus werden bis zu 30 Liter kostbares Trinkwasser am Tag weggespült, um auf warmes Wasser zu warten. Die dezentrale Variante verursacht Anlaufverluste von rund 16 Liter täglich.

TIPP Temperatur des Warmwassers auf 45 °C senken!

Ein echter Energiefresser ist Warmwasser, wenn die Temperaturen an den Zapfstellen zu hoch eingestellt sind: Für die Küchenspüle, die Dusche und die Badewanne reichen 45 °C völlig aus. Bei dieser Temperatur löst sich auch das hartnäckigste Küchenfett. Auch deshalb ist ein Durchlauferhitzer oder ein kleiner Boiler direkt am Zapfhahn oft besser als ein großer Warmwassertank im Keller. Man kann die Temperatur genau einstellen und muss nicht die Wärmeverluste des Wassers auf dem Weg vom Keller bis zur Zapfstelle ausgleichen (siehe Tipp 3: Direkt an der Zapfstelle erwärmen!).
Ist das Warmwasser heißer als 45 °C, kann man sich obendrein leicht verbrühen. Deshalb mischt die Mischbatterie oder ein sogenannter Drei-Wege-Mischer kaltes Wasser zu, um die gewünschte Zapftemperatur zu erreichen. Das ist – energetisch gesehen – nun wirklich Schnee von gestern. Eigentlich gibt es nur zwei Wege, Warmwasser effizient zu bereiten: mit elektrischem Strom (Ökostrom!) oder Warmwasser-Wärmepumpen, die das thermische Potenzial der Umgebungsluft nutzen, etwa die Abwärme eines Gaskessels im Winter.

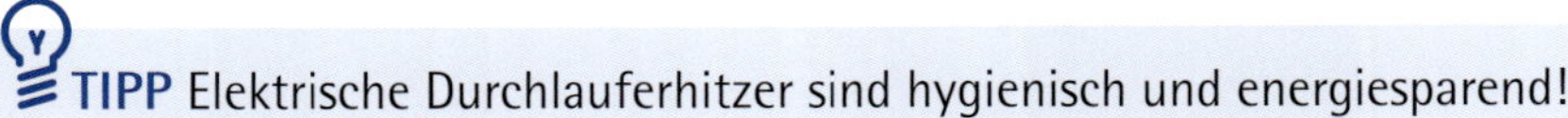

TIPP Elektrische Durchlauferhitzer sind hygienisch und energiesparend!

Durchlauferhitzer speichern kein Warmwasser, sondern erwärmen es im Augenblick der Nutzung, vorzugsweise direkt an der Zapfstelle (Küchenspüle, Dusche, Badewanne). Das können elektrische Geräte sein, die Strom als Wärmequelle nutzen. Der Nachteil von Durchlauferhitzern: Sie brauchen stoßweise hohe elektrische Leistungen, das erfordert leistungsstarke Solarakkus.
Deshalb bieten sich bei normalen Zapfstellen (Handwaschbecken, Küchenspüle) kleine elektrische Boiler mit maximal 3 bis 5 Litern Speicher an. Das reicht für den täglichen Bedarf völlig aus. Wassersparende Duschen haben solche Systeme bereits integriert. Nur für die Badewanne wird gegebenenfalls ein leistungsfähigerer Durchlauferhitzer benötigt.

TIPP Zentrale Versorgung nur in wenigen Gebäuden sinnvoll!

Warmwasser in einer zentralen Anlage zu erzeugen, ist eigentlich nur in Gebäuden sinnvoll, die einen sehr hohen Warmwasserbedarf an vielen Zapfstellen gleichzeitig haben. Das sind beispielsweise Hotels oder Kliniken. Wichtig ist dabei, dass die Warmwasserleitungen von den Speichern zu den Zapfstellen gut gedämmt sind.
Über die zentrale Technik sollten nur die Zapfstellen versorgt werden, die mit 45 °C auskommen. Braucht die Desinfektion des medizinischen Bestecks in einem Hospital 90 °C oder gar mehr (Dampfsterilisation), sind dafür separate Geräte einzusetzen.

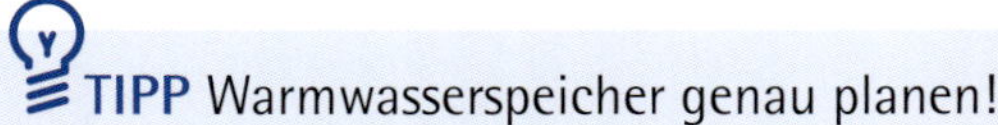

TIPP Warmwasserspeicher genau planen!

Ist die Speicherung von vorgewärmtem Trinkwasser unumgänglich, ist einiges zu beachten. Im Unterschied zum Heizungswasser gilt Warmwasser (manchmal auch als Brauchwasser bezeichnet) als Trinkwasser. Deshalb muss es gegen Keime und Bakterien geschützt werden, durch regelmäßige Aufheizung auf mindestens 65 °C.

Wenn aber nur 45 °C an der Zapfstelle benötigt werden, wird viel Energie für den sogenannten Legionellenschutz verpulvert. Deshalb sind Warmwasserspeicher nur dann einzubauen, wenn die dezentrale Versorgung der Zapfstellen nicht möglich oder unwirtschaftlich ist.

Der Nachteil der Speichersysteme besteht in den langen Leitungen, um das Warmwasser vom Keller bis in das oberste Stockwerk oder die Dachwohnung zu fördern. Und zwar doppelt, denn die Zirkulation erfordert parallel zum Verteilsteigstrang eine zweite Leitung, um das Wasser zum Speicher zurückzuleiten. Zudem werden elektrische Pumpen benötigt.

Prinzipiell gilt: Je größer der Speicher, desto größer der Aufwand, um ihn gegen Wärmeverluste zu dämmen. Alle hydraulischen Anschlüsse verursachen Wärmeverluste. Man kann davon ausgehen, dass zwischen 15 und 20 % der aufgebrachten Wärmeenergie durch Verluste in den Speichern und Leitungen verloren gehen, auch wenn sie ordentlich gedämmt sind.

Solche E-Heizstäbe können Überschusstrom aus der Photovoltaik und der Brennstoffzelle in Warmwasser oder Heizwärme wandeln. (© my-PV GmbH)

TIPP Sonnenstrom für Warmwasser nutzen!

Weil Warmwasser auch im Sommer benötigt wird, eignet sich die Warmwasserbereitung sehr gut, um überschüssigen Sonnenstrom thermisch zu nutzen. Über einen steuerbaren Heizstab im Warmwasserspeicher wird das Wasser erhitzt. Dazu braucht man keinen Solarakku, darauf lassen sich viele herkömmliche Hydrauliksysteme umrüsten. Man schiebt eine E-Heizpatrone in den Warmwasserspeicher, die vorrangig mit Sonnenstrom vom Dach versorgt wird.
Solche thermischen Speicher haben den Vorteil, dass man sie auf 75 oder 80 °C hochheizen kann, wenn genug Sonnenstrom zur Verfügung steht. Der Wasserspeicher hält die Temperatur lange vor, ehe er neuen Strombedarf meldet.

6.3.4 Raumwärme

Wenn man Warmwasser separat erzeugt, kann die Heizung während der warmen Monate vollständig ausgeschaltet bleiben. Wird die Raumwärme durch Gasbrenner, Holzkamine oder Ölkessel erzeugt, ist der Luftverbrauch im Gebäude sehr hoch. Man muss viel häufiger lüften, wodurch der Heizbedarf wiederum steigt. Verzichtet man auf die fossilen Brenner, braucht man zudem keine Kamine und keinen Schornsteinfeger mehr. Auch das sind Kosten, die zu Buche schlagen.
Mit elektrischen Heizsystemen lässt sich die Wärmeerzeugung für die Wintermonate und die Übergangszeit nach dem minimalen Wärmebedarf des Gebäudes auslegen. Allein das spart etliche Kosten bei der Investition in die Technik beziehungsweise in ihren Umbau und beim laufenden Energieverbrauch.
Die Heizung springt an, wenn draußen eine festgelegte Temperatur unterschritten wird (meist 14 °C). Ausgelegt wird sie nach einer bestimmten Normtemperatur, meist –12 °C, –14 °C oder –16 °C, je nach Region.
Damit die Heiztechnik optimal arbeitet, sollte sie mehrstufig (modulierend, kaskadiert) laufen: Eine Stufe deckt den Wärmebedarf der Räume bis 0 °C oder –5 °C ab. Die nächste

Steuergeräte für E-Wärme, die über elektrische Heizstäbe in den Heizpufferspeicher eingebracht wird.
(© my-PV GmbH)

Der Handtuchhalter ist eine elektrische Heizfläche.
(© ETHERMA GmbH)

Stufe schaltet sich an besonders knackigen Wintertagen zu. Denkbar ist ein System für die Grundlast, eins für Spitzenbedarf.

Weil die sehr gut gedämmten Gebäude kaum Heizlast aufweisen, sinken die Vorlauftemperaturen der Wärmeverteilung. Radiatoren, die hohe Temperaturen abfordern, gehören der Vergangenheit an. Fußbodenheizung oder Heizflächen an den Innenwänden brauchen

Elektrische Fußbodenheizungen werden viel einfacher verlegt als hydraulische Systeme. Zudem lassen sie sich viel schneller regeln.
(beide Bilder © Uponor)

Infrarotheizfläche als Wandspiegel im Bad.
(© Heiko Schwarzburger)

nur 28 bis 35 °C. Die Wärmepumpen haben den hydraulischen Heizflächen mit geringen Systemtemperaturen zum Durchbruch verholfen. Im Neubau kann man die Heizflächen problemlos elektrisch auslegen. In der Sanierung lassen sie sich nachträglich einbauen.

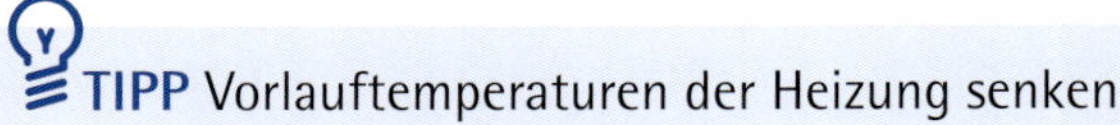

TIPP Vorlauftemperaturen der Heizung senken!

6.3.4.1 Wärmepumpen

Zur Beheizung von Wohngebäuden bieten sich Wärmepumpen an. Durch die Außenluft, das Erdreich oder Grundwasser wird ein Arbeitsmittel (Sole oder Luft) auf eine bestimmte Temperatur gebracht. Sie reicht aus, um im Arbeitskreis der Wärmepumpe ein flüssiges und sehr flüchtiges Kältemittel zu verdampfen. Das funktioniert wie im Kühlschrank, der auf diese Weise dem Gefriergut die Wärme entzieht.

Das Arbeitsgas wird in der Wärmepumpe von einem elektrischen Verdichter komprimiert. Das Prinzip ist von der Luftpumpe (daher der Begriff Wärmepumpe) bekannt: Beim Druckanstieg erhöht sich auch die Temperatur im Innern der Luftpumpe. Ein Wärmetauscher gibt diese nutzbare Wärme an die Gebäudeversorgung ab, beispielsweise an einen Heizungspufferspeicher oder einen Warmwasserspeicher.

Gute Wärmepumpen können 60 oder 65 °C bereitstellen. Da sie keine Brenner und Flammen haben, brauchen sie mehr Zeit und unbedingt einen thermischen Speicher, um ausreichend Wärme zu erzeugen. Heizungswärmepumpen, die das Erdreich als Wärmequelle nutzen, bezeichnet man als Erdwärmepumpen. Wärmepumpen, die ihre Umweltwärme aus der Außenluft oder der Abluft gewinnen, sind Luftwärmepumpen. Wärmepumpen, die das Grundwasser als thermische Quelle nutzen, sind Wasserwärmepumpen.

Weil die Wärmepumpe mit einem elektrischen Verdichter arbeitet, kann man sie gut mit Sonnenstrom vom eigenen Dach versorgen. Das erhöht den Eigenverbrauch und die Wirtschaftlichkeit, weil man keinen Netzstrom braucht, auch keine Brennstoffe für die Wärmeerzeugung. Die Wärmepumpe verursacht keine Asche und keine Abgase und braucht keinen Kamin.

Im Winter wird die Wärmepumpe aus dem Stromnetz versorgt. Einige Versorger bieten kostengünstige Nachttarife für Wärmepumpen an. Dann brauchen sie einen gesonderten NT-Zähler.

TIPP Wärmepumpen sind sinnvolle Zwitter zwischen der elektrischen und der hydraulischen Wärmeversorgung. Sie nutzen saubere Umweltwärme effizient aus.

6.3.4.2 Infrarotheizflächen und Flächenheizungen

Konsequent elektrisch heizen bedeutet, die Wärme über Infrarotheizflächen in die Räume zu bringen. Das spart die Hydraulik, aufwendige Dämmungen der Rohrsysteme und Bauraum. Elektrische Wandheizflächen müssen nicht fest installiert sein. Sie lassen sich arrangieren und gestalten wie Spiegel oder Poster.

Elektrische Fußbodenheizungen sind thermisch den hydraulischen Systemen ähnlich, allerdings regeln sie viel schneller und präziser. Die Regelverluste sind bei trägen, hydraulischen Systemen viel höher als bei elektrischer Heizung.

Selbstredend macht die E-Heizung nur Sinn, wenn sie im Winter mit sauberem Windstrom aus dem Stromnetz versorgt wird. Produkte zur E-Heizung nehmen an Vielfalt zu, auch hier sinken die Kosten. Der Anschluss an die Stromversorgung im Gebäude erfolgt

Infrarotheizfläche unter der Flurdecke.
(© Heiko Schwarzburger)

Als Wandtafel gestaltete E-Heizfläche.
(© Redwell Manufaktur GmbH)

über Steckdosen oder Festverdrahtung. Eine E-Heizung lässt sich ins Smart Home einbinden und per Fernbedienung oder Zeitschaltung steuern.

TIPP Elektrische Heizflächen ergeben nur Sinn, wenn sie mit Ökostrom versorgt werden – am besten aus der eigenen Erzeugung am Gebäude.

6.3.5 Klimatisierung, Kühlung und Kälte

Das Weltklima erwärmt sich, Treibhausgase heizen die Atmosphäre auf. Nicht nur Menschen, Tiere und Pflanzen leiden unter der Sommerhitze. Auch die Broker an den Strommärkten geraten ordentlich ins Schwitzen: In den USA und Australien beispielsweise sind die Strompreise in der sommerlichen Mittagshitze am höchsten. Denn überall springen Klimaanlagen und Kühlsysteme an. Deren Energiehunger ist gewaltig – und übersteigt den Strombedarf für Wärme deutlich.

In Deutschland zeigt der Strompreis eine ähnliche Tendenz. An der Strombörse in Leipzig sind die Spotpreise für Mittagsstrom am höchsten – im Sommer. Denn auch hierzulande springen millionenfach Kälteaggregate, Kühlsysteme und Ventilatoren an. Ihr Strombedarf belastet die Netze und die Geldbeutel der Kunden, was vor allem im Gewerbe spürbar ist. Die steigenden Temperaturen lassen die Stromkosten steigen.

TIPP Während Heizwärme in unseren Breiten an Bedeutung verliert, wird der Energiebedarf für sommerliche Kühlung weiter anschwellen.

Kein Wunder: Nach Prognosen von Klimaforschern aus Potsdam wird Berlin im Jahr 2050 ein Klima haben wie Mailand heute.

Rund 15 % des deutschen Stromverbrauchs fließen in die Kältetechnik und die Klimatisierung. Der Strombedarf der vornehmlich gewerblichen Kältetechnik summiert sich auf mehr als 80.000 GWh im Jahr. Das sind mehr als 6 % des Bedarfs an Primärenergie.

Jährlich steigt der weltweite Kältebedarf um 15 %. Allein in den besonders heißen und dürren Jahren zwischen 2001 und 2006 verdoppelte sich die installierte Klimatisierungsleistung von 130 GW auf 260 GW. Mittlerweile werden weltweit mehr als 500 GW Kraftwerkskapazität benötigt, um den Strombedarf für technische Kühlsysteme zu bedienen.

Der Strombedarf für elektrische Systeme zur Erzeugung von Frost (unter 0 °C), zur Kühlung (Absenkung der Raumtemperatur gegenüber der Außenluft) und zur Lüftung (Luftwechsel ohne Änderung der Temperatur) ist besonders dann sehr hoch, wenn die Sonne drückt. Heizwärme wird benötigt, weil die Sonne in der Heizperiode zu wenig Energie liefert. Energie für Kälte und Kühlung wird gebraucht, um zu viel Energie vom Himmel während der Sommermonate auszugleichen. Darüber hinaus gibt es auch im Winter Kältebedarf, etwa zur Lagerung von Lebensmitteln oder Medikamenten.

An dieser Stelle geht es nicht um den Kühlschrank im Eigenheim oder in der Mietwohnung, obwohl sie das gleiche Problem sichtbar machen. Es geht vor allem um gewerbliche Kühlung: für Lebensmittel, Medikamente, Restaurants, Schulen oder Bürogebäude.

Weil moderne Gebäude immer besser gedämmt und luftdicht gebaut sind, sinkt ihr Raumwärmebedarf. Dagegen steigt der Bedarf für die Kühlung und vor allem Lüftung, sprich: Klimatisierung.

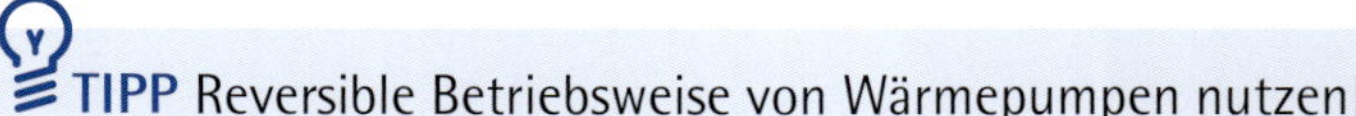

TIPP Reversible Betriebsweise von Wärmepumpen nutzen!

Vor allem Direktverdampfer spielen eine zunehmende Rolle. Daneben steigt die Bedeutung von Wärmepumpen zur Kühlung. Laufen sie in der reversiblen Betriebsweise, können sie die Überschusswärme über Kühldecken oder andere hydraulische Systeme aus dem Raum fördern.

Allerdings ist der Strombedarf für die hydraulischen Pumpen nicht zu unterschätzen. Auch ist die Kühlleistung der Flächensysteme durch die thermische Trägheit der Hydraulik beschränkt. Wärmepumpen eignen sich für Räume und Gebäude, wo dasselbe Aggregat

sowohl die Raumwärme als auch die sommerliche Kühlung bereitstellen soll. Das ist oft in Eigenheimen oder Bürogebäuden der Fall. Auch Schulen lassen sich damit kühlen, kombiniert mit nächtlicher Durchlüftung.
Speziell gewerblichen oder industriellen Kühlbedarf decken moderne Direktverdampfer ab, die im Prinzip alle Leistungsklassen anbieten. Sie werden unter dem Fachbegriff VRF (Variable Refrigerant Flow) geführt. Meist sind es elektrisch angetriebene Splitgeräte, die einen variablen Kältemittelstrom mit stetig regelbaren Außengeräten erzeugen, je nach Leistungsbedarf im Innern.

TIPP Die Zahl der internen Wärmequellen in den Gebäuden steigt. Das sind vor allem elektrische Geräte, die eine gewisse Abwärme erzeugen.

Denn es sind nicht nur die Außentemperaturen, die mehr Kälte und Kühlung fordern. Zunehmend wächst die Zahl der Wärmequellen in den Gebäuden: Alle elektrischen Geräte erzeugen unerwünschte Abwärme, nicht nur die zum Aussterben verdammte Glühlampe. Auch PCs oder Serverräume, Küchengeräte und die Unterhaltungselektronik geben Wärme ab, die im Sommer aus dem Raum gebracht werden muss.
Ebenso liegt die thermische Leistung eines Menschen zwischen 80 W (ruhend) und 150 W (physisch aktiv). Je mehr Menschen und Maschinen in einem Raum arbeiten, umso mehr Wärme muss aus dem Gebäude gebracht werden. Rund 90 % der Gebäudeklimatisierung wird in Deutschland durch elektrische Energie geleistet.
Prinzipiell arbeiten elektrische Kältemaschinen wie Wärmepumpen, nur umgekehrt. Das ist im Kühlschrank so, in der Eisbox oder in der großvolumigen Kühlzelle des Schlachthofs. In Kompressionsmaschinen (Chiller) läuft ein elektrisch angetriebener Verdichter, der ein verdampftes Kältemittel ansaugt und komprimiert.
Im nachgeschalteten Verflüssiger gibt der Kältemitteldampf seine Wärme über einen Wärmetauscher ab und kondensiert. Das Fluidum wird zum Entspannungsventil geleitet, wo das Kältemittel teilweise wieder verdampft. Im Verdampfer nimmt es die Wärme des betreffenden Raums auf, der dadurch gekühlt wird. So beginnt der Kreislauf von vorn. Deshalb kann man Wärmepumpen zum Kühlen einsetzen, wenn man ihre Betriebsweise umkehrt.
Durch einen Verdichter wird die angesaugte Luft jedoch nicht nur abgekühlt, sondern auch entfeuchtet (Kondensat). Kühlung geht also immer mit Trocknung einher. In Kühlzellen mit Temperaturen unter dem Gefrierpunkt ist diese Tatsache besonders wichtig. Dort bildet das Kondensat dicke Eisschichten am Kühlregister, die wiederum den Energiebedarf nach oben treiben. Die Entfeuchtung der Luft wird aus Gründen der Energiekosten immer wichtiger.
Wie bei den Wärmepumpen halten auch in der Kältetechnik zunehmend Scroll-Verdichter Einzug. 95 % aller Raumklimageräte in Deutschland sind dem gewerblichen Sektor zugeordnet. Zur Kühlung von Lebensmitteln werden sehr oft Kolbenverdichter verwendet.

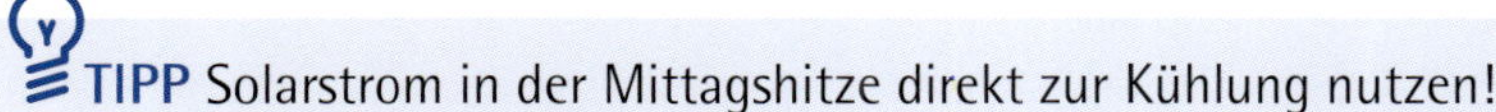
TIPP Solarstrom in der Mittagshitze direkt zur Kühlung nutzen!

Sie mit Solarstrom zu betreiben, liegt – wie bei den Wärmepumpen – auf der Hand. Allein in Deutschland laufen derzeit über 120 Millionen elektrische Kältemaschinen: vom kleinen Hauskühlschrank und der Eisbox bis hin zu den Vitrinen der Supermärkte und den Tiefkühlaggregaten der Industrie. Jährlich emittieren sie aufgrund ihres enormen Strombedarfs rund 70 Millionen Tonnen Kohlendioxid.

Und: Der Kältebedarf im Sommer ist nicht selten für die Wirtschaftlichkeit der Unternehmen essenziell. Fällt in einem Krankenhaus die Kühlzelle für die Medikamente aus, summieren sich die Schäden schnell auf Tausende Euro. Fällt in sehr heißen Sommern das Stromnetz aus, verdirbt in vielen Lagern und Supermärkten des Einzelhandels die Ware, belaufen sich die Schäden auf Millionen Euro. Fällt im Winter die Heizung aus, sind solche Schäden eher nicht zu erwarten. Soll heißen: Die Versorgung mit Kältestrom ist oft so wichtig, dass sie als unterbrechungsfreie Stromversorgung konzipiert ist. Sie muss auch bei Ausfall des öffentlichen Stromnetzes funktionieren.

Viele Kühlaggregate im Gewerbe und in der Industrie laufen während des ganzen Jahres durch. Ihr Strombedarf ist im Sommer und während der Mittagsstunden am höchsten. Mithilfe von Solargeneratoren lässt sich diese kostenintensive Spitzenlast ohne Weiteres direkt abdecken. Das Ertragsprofil der Solaranlagen und der Strombedarf der Kühltechnik passen unmittelbar zusammen – ohne Umweg über einen Stromspeicher.

Große Bürogebäude oder Lagerhallen bieten ausreichend Fläche, um auch für leistungsstarke Kälteaggregate genug Solarstrom zu erzeugen.

Konventionelle Klimaanlagen mit einer Leistung von 5 kW laufen in Deutschland im Jahr rund 1.200 bis 1.400 Volllaststunden. Im Durchschnittsbetrieb summiert sich ihr jährlicher Stromverbrauch auf bis zu 7.000 kWh. Bei einem Strompreis von 30 Eurocent/kWh berappt der Betreiber immerhin 2.100 Euro im Jahr.

TIPP Mit Photovoltaik lassen sich Stromkosten von 8 bis 9 Eurocent erreichen. Nutzt man Solarstrom für die Klimaanlage, liegt die Einsparung auf der Hand.

Büros werden in Deutschland nur im Sommer gekühlt. Das entspricht 600 bis 800 Vollbenutzungsstunden. In Italien liegt dieser Wert bei 800 bis 1.500 Stunden.

Nach Berechnungen des Fraunhofer-Instituts für Solare Energiesysteme in Freiburg spielen photovoltaische Systeme zunehmend ihre wirtschaftlichen Vorteile aus. Die Forscher verglichen verschiedene Varianten der Kühlung eines Hotels in Madrid mit elektrischer Kompressionstechnik, die durch Photovoltaikmodule versorgt wird. Die Photovoltaik sparte am meisten teure Primärenergie ein, bei geringsten Investitionskosten. Zudem kann der Solargenerator seine Ertragsüberschüsse ins Netz speisen oder anderen Verbrauchern im Gebäude zur Verfügung stellen.

Solarstrom kann außerdem die Ventilatoren der Lüftungstechnik und die Fernseher der Hotelgäste versorgen. Um den Strombedarf der Kühlgeräte zu decken, bedarf es keiner zusätzlichen Investition. Lediglich das Energiemanagementsystem muss den Strombedarf erkennen und direkt aus den Solarerträgen decken.

6.4 Speicherbatterien

Sie können elektrische Energie aufnehmen und ins Stromnetz eines Gebäudes abgeben, beispielsweise aus einer Photovoltaikanlage. Handelt es sich um elektrochemische Speicher, spricht man landläufig von Batterien oder exakter: Akkumulatoren (Akkus). Sie speichern Gleichstrom (DC).

Beschrieben werden sie durch ihre Bruttospeicherkapazität (in kWh). Je nachdem, wie tief eine Speicherbatterie entladen werden kann (Entladetiefe), ergibt sich die nutzbare oder

Am Beginn des Zeitalters der elektrischen Speicher standen die Bleizellen.
(© Heiko Schwarzburger)

Stromspeicher aus Bleizellen für eine Werkstatt: Im Betrieb wird er handwarm.
(© Heiko Schwarzburger)

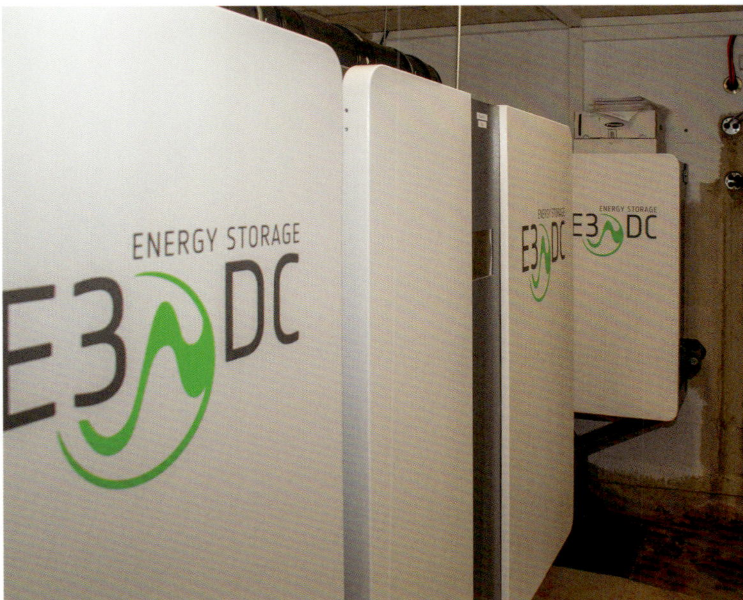

Intelligente Stromspeicher steuern die elektrischen Energieflüsse im Gebäude, die Ladestation für das E-Auto inbegriffen.
(© Cleantech Media/Martin Jendrischik)

Größeres Stromspeichersystem für ein Bürogebäude mit zwei Solaranlagen auf den Dächern und einer Solarfassade.
(© Heiko Schwarzburger)

Einbausituation eines Stromspeichers mit Lithium-Ionen-Zellen für ein Einfamilienhaus im Haustechnikraum.
(© SOLARWATT GmbH)

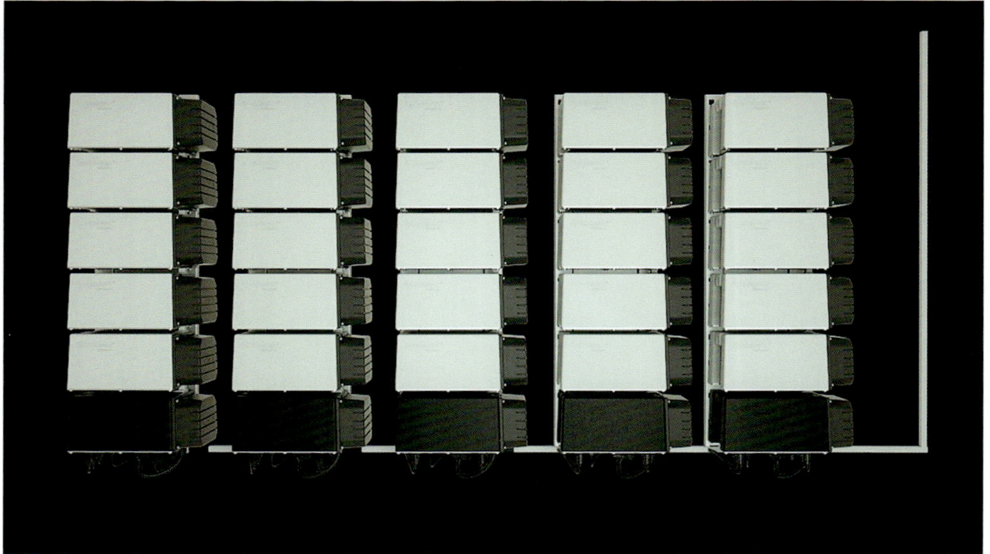

Dieser DC-Stromspeicher lässt sich wie eine Matrix auf hohe Kapazitäten skalieren.
(© SOLARWATT GmbH)

Großer Stromspeicher mit Lithiummodulen für Unternehmen, Wohnungsbaugesellschaften und die Industrie.
(© Heiko Schwarzburger)

Stromspeicher für Unternehmen werden in komplett anschlussfertigen Containern geliefert. Hier: Innenansicht eines Batteriecontainers – Speicher zur Netzstabilisierung bei einem süddeutschen Energieversorger.
(© Smart Power GmbH)

Nettospeicherkapazität (in kWh). Bleibatterien nutzen nur die Hälfte ihrer Bruttospeicherkapazität tatsächlich aus, aufgrund ihrer Chemie.
Seit einigen Jahren spielen die Lithiumbatterien eine wachsende Rolle, vor allem als Speicher für Sonnenstrom. Sie können bis zu 90 oder 95 % ihrer Bruttokapazität wirklich ausnutzen. Manche Hersteller werben damit, dass die Lithiumbatterien vollständig entladbar seien. Das stimmt nicht ganz. Sie werden lediglich mit einer Entladereserve ausgeliefert, der Kunde bekommt einen größeren Speicher, als er bezahlt.
Batterien werden mit definierten Strömen be- und entladen. Die Entladerate C markiert das Verhältnis von Ladeleistung zur Nettospeicherkapazität. Erlaubt eine Lithiumbatterie mit 10 kWh Nutzkapazität eine Entladerate von 1C, kann sie eine Stunde lang 10 kW elektrischer Leistung abgeben, etwa an die Ladestation eines E-Fahrzeuges.

6.5 Strom im Winter

In unseren Breiten reicht der Sonnenstrom nicht aus, um ein Gebäude in der kalten Jahreszeit vollständig zu versorgen. Deshalb ist die entscheidende Frage, wie viel Strom im Winter benötigt wird und welche Kosten dieser Bedarf verursacht.

6.5.1 Stromnetz als Superbatterie

Die preiswerteste Variante ist das Stromnetz. Es springt ein, wenn die Photovoltaikanlage schwächelt. Selbstredend sollte nur echter Ökostrom zugekauft werden. Es kann sehr preiswert sein, große Anteile des jährlichen Strombedarfs über Solarflächen zu decken und nur den winterlichen Reststrom zuzukaufen.

6.5.2 Gasgetriebene BHKW

Mithilfe von Blockheizkraftwerken (BHKW, auch stromerzeugende Heizung genannt) kann man im Winter elektrischen Strom erzeugen, wenn Wasserstoff, Erdgas oder ein flüssiger Brennstoff (Flüssiggas) verbrannt werden. Das sind konventionelle Gasmotoren oder Dieselgeneratoren, auf deren Achse ein Generator sitzt. Es gibt auch BHKW, die mit Holzpellets arbeiten.
Der Generator erzeugt über das Dynamoprinzip einen Wechselstrom, der in der Regel mit dem Netz synchronisiert werden muss. Solche Generatoren kommen auch bei der unterbrechungsfreien Stromversorgung (USV) zum Einsatz.
Der Motor im BHKW liefert in der Regel viel Abwärme mit hoher Temperatur. Damit lässt sich im Winter die Raumheizung versorgen – über hydraulische Wärmetauscher. Das passt meist gut mit dem Temperaturbedarf der Heizkörper bei der Modernisierung von Wohngebäuden zusammen. Für Fußbodenheizungen sind die Temperaturen aus dem Motor in dem BHKW zu hoch.

TIPP Die BHKW erlauben weitgehende Autarkie, brauchen aber meist eine hydraulische Wärmeanlage, um die Hitze abzuführen. Man will Strom erzeugen und bekommt ein Abwärmeproblem. Zudem haben sie einen hohen Bedarf an Brennstoffen sowie hohen Aufwand für die Wartung (da sie sehr heiß und schnell laufen).

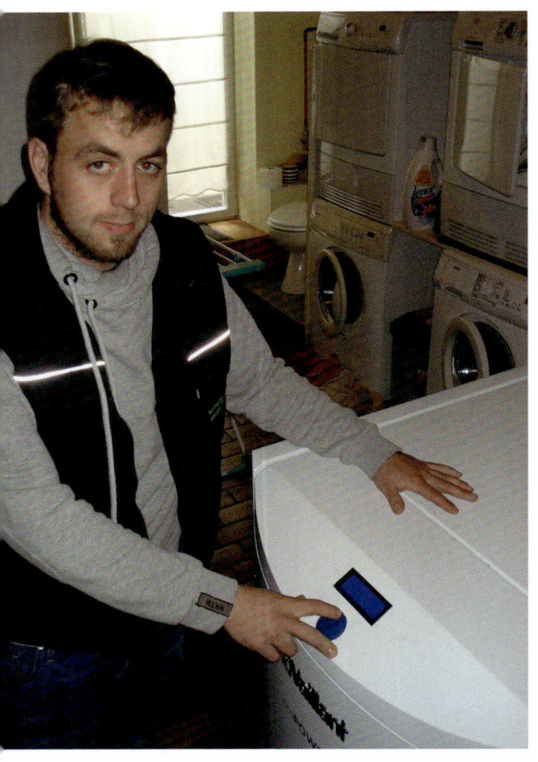

Das kleine Blockheizkraftwerk (Brennstoff: Erdgas) leistet vier Kilowatt (elektrisch) und kann mit seiner Wärme auch kleinere Betriebe versorgen.
(© Heiko Schwarzburger)

BHKW für die Versorgung einer Kirchgemeinde in der Eifel nebst benachbartem Kindergarten.
(© Heiko Schwarzburger)

Kaskade von gasbetriebenen BHKW, die im Winter den Strom und die Wärme liefern. Im Sommer wird das Gebäude nur aus Photovoltaik versorgt.
(© Cleantech Media/Martin Jendrischik)

6.5.3 Stationäre Brennstoffzellen

Eine Sonderform der BHKW sind die Brennstoffzellen. Seit fünf Jahren etwa bietet der Haustechnikmarkt solche kleinen Kraftpakete an. Sie geben zwischen 800 W und 5 kW elektrischer Nennleistung ab. Die thermische Abwärme liegt zwischen einigen kW bis mehr als 25 kW. Einige Brennstoffzellen wurden mit Gasthermen im Kompaktgerät kombiniert, um sie speziell für die Bestandssanierung aufzurüsten. Dann spricht man vom Brennstoffzellen-Heizgerät.

Geht man davon aus, dass elektrischer Strom künftig auch die Wärme im Haus bereitstellt und das E-Auto tankt, haben rein stromgeführte Brennstoffzellen mit möglichst wenig Abwärme die besten Aussichten. Diese stationären Brennstoffzellen sind viel einfacher und kompakter aufgebaut als die gasbetriebenen Motor-BHKW, zudem kommen sie ohne rotierende oder heiße Teile aus.

Das Brennstoffzellengerät PT2 von Viessmann hat eine elektrische Leistung von 750 Watt. Es kann – in Kombination mit Photovoltaik – ein Einfamilienhaus komplett mit Strom und solarelektrischer Wärme versorgen.
(© Viessmann)

Einbausituation eines Brennstoffzellengeräts im Wohnbereich.
(© Sunfire)

Die Technik der Brennstoffzellen ist ausgereift und hat sich in Millionen Betriebsstunden bewährt. Stationäre Brennstoffzellen nutzen Katalysatoren, um Wasserstoff und Sauerstoff auf kaltem Wege (ohne Verbrennung von Knallgas) zu verheiraten. Dabei werden Elektronen freigesetzt, die man als Gleichstrom nutzen kann. Das Herz eines solchen Aggregats besteht aus Zellen, in denen die katalytische Reaktion abläuft. Die Summe mehrerer Zellen sind ein Stack, so wie man mehrere Solarzellen oder Lithiumzellen in einer Speicherbatterie als Solarmodul oder Batteriemodul bezeichnet.

TIPP Brennstoffzellen lassen sich perfekt mit Photovoltaik kombinieren. Als Brennstoff im Stack nutzt man Erdgas oder Wasserstoff.

Erdgas ist vielerorts über die Gasnetze vorhanden. In einem Reformer wird das Methan in Kohlenstoff und Wasserstoff zerlegt. Andere Brennstoffzellen arbeiten direkt mit Wasserstoff, ohne Vorstufe über Erdgas. Solche Systeme für die Haustechnik sind seit 2018 auf dem Markt. Der Wasserstoff wird im Sommer erzeugt, indem überschüssiger Sonnenstrom Wasser in seine Bestandteile zerlegt. In einem Gastank ähnlich dem Flüssiggas wird der Wasserstoff für die Nacht oder den Winter vorgehalten.

Sinnvoll ist es, Photovoltaikanlage und Brennstoffzellen über eine Speicherbatterie zu verschalten. Sie übernimmt den Nachtstrom des Gebäudes. Die Brennstoffzelle springt erst ein, wenn der Sonnenstrom vom Dach nicht mehr ausreicht, um die Batterie am Tag neu zu füllen.

Zwei Technologien dominieren den Markt: Bei der Festoxid-Brennstoffzelle (Solid Oxide Fuel Cell, SOFC) besteht der Elektrolyt im Stack aus einer hauchfeinen Keramikschicht, die Sauerstoffionen leiten kann, aber Elektronen sperrt. Die SOFC brauchen Betriebstemperaturen von 650 bis 1.000 °C. Das bedeutet, sie geben relativ hohe Temperaturen ab. Und sie brauchen eine gewisse Zeit, um auf Betriebstemperatur zu kommen. Also sollten sie möglichst durchgängig laufen.

Dagegen arbeiten die Brennstoffzellen mit Protonenaustauschmembran (Proton Exchange Membrane, PEM) mit Kunststoffmembranen (Ionomer), die für Protonen (Wasserstoffionen) durchlässig, für Gase (Sauerstoff) jedoch gesperrt sind. Sie brauchen nur rund 80 °C als Betriebstemperatur, sind demnach besser für Start-Stopp-Betrieb geeignet.

Die Brennstoffzelle unterliegt den Anschlussvorschriften von elektrischer Betriebstechnik in der Niederspannung, wie die motorbetriebenen BHKW, die Photovoltaikanlagen und die Stromspeicher.

TIPP Brennstoffzellen werden in Deutschland durch das KfW-Förderprogramm 433 mit lukrativen Zuschüssen gefördert.

Die Kombination von Photovoltaik, Brennstoffzellen, Stromspeichern und E-Autos macht autarke Gebäude möglich, die nicht einmal mehr einen elektrischen Hausanschluss brauchen – Notstrom und unterbrechungsfreie Stromversorgung inklusive.

6.6 Elektromobilität

Darunter versteht man Fahrzeuge, die keinen Verbrennungsmotor als Antrieb verwenden, sondern Elektromotoren. Zwitter mit teilweise elektrischem und Verbrennungsantrieb bezeichnet man als Hybride.

Ladebox unter einem hölzernen Carport, der Solarmodule trägt. Solche Systeme lassen sich beliebig erweitern und direkt ans Gebäude anschließen.
(© Galaxy Energy GmbH)

Die Einbindung von Stromspeichern und Ladeboxen erhöht den Aufwand für Sicherungen und den Zählerschrank.
(© Heiko Schwarzburger)

Elektromobil können alle Fahrzeuge sein, vom Rollstuhl für ältere Menschen und Kranke, über Rasenmäher, elektrisch unterstützte Fahrräder (Pedelecs) bis hin zu Booten, Gabelstaplern, elektrischen PKW oder Nutzfahrzeugen. Auch wurden bereits die ersten Flugzeuge entwickelt, die Elektromotoren für ihre Propeller nutzen.
Gespeist werden die Motoren aus chemischen Antriebsbatterien (Traktionsbatterien) oder Brennstoffzellen (Erdgas oder Wasserstoff als Brennstoff).
Eine Sonderkategorie sind Solarfahrzeuge, Solarboote oder Solarflugzeuge. Sie erzeugen ihren Antriebsstrom zumindest teilweise aus Solarzellen auf ihrer Haut.
Die Elektromobilität ist ein wichtiger Pfeiler der Energiewende, weil sie den Verkehrssektor (öffentlich, gewerblich und industriell) auf emissionsfreie Antriebe umstellt und damit wesentlich zur Senkung der Emissionen von Treibhausgasen beiträgt. Derzeit wird der Umstieg auf die Elektromobilität in Deutschland staatlich gefördert.
Für Architekten hat das Thema besondere Bedeutung, weil es innerstädtische Parkflächen im halböffentlichen oder öffentlichen Raum berührt. Die Einrichtung von Ladesäulen und Wallboxen wird vielerorts finanziell gefördert. Seit Spätsommer 2020 haben Mieter und Wohneigentümer ein Anrecht auf einen E-Ladepunkt am oder im Gebäude (Wohnungseigentumsgesetz).
Wenn die Tankstelle mit dem Gebäude verschmilzt, tragen die Ladekosten erheblich zur Wirtschaftlichkeit des Gebäudes bei, werten es auf. Auch die Solarisierung der Gebäude wird durch die E-Mobilität einen weiteren Schub erhalten, weil sich der Sonnenstrom vom Dach zur Betankung der E-Autos geradezu anbietet.

6.6.1 E-Tankstelle am Gebäude

In den vergangenen Jahren ist der Markt für E-Ladetechnik förmlich explodiert. Prinzipiell unterscheidet man bei den Elektroautos zwei Ladetechniken. Man kann das Auto mit Gleichstrom (DC) oder mit Wechselstrom (AC) beladen. Für Wechselstrom verfügen die

Fahrzeuge über eine Ladedose vom Typ 1, Typ 2 oder GB/T 20234.2 (gilt nur in China). Für DC unterscheidet man zwischen CCS (Combined Charging System, auch genannt Combo 1 oder Combo 2) und CHAdeMO.

AC-Laden mit Typ-1-Stecker wird in Europa nicht verwendet, es gilt in Ländern mit 100 bis 120 V Netzspannung (Nordamerika, einige Länder in Asien). Der Kabelstecker hat ein rundes Profil und einen Verriegelungsmechanismus. Typ-1-Stecker kennen nur einphasiges Laden, die Ladeleistung ist auf 7,4 kW begrenzt. Um eine typische Autobatterie mit 22 kWh Speicherkapazität aufzuladen, braucht man mehr als 3 Stunden.

Aufgrund des 230-V-Netzes in Europa ist hier Typ-2-Ladetechnologie verbreitet. Optisch unterscheiden sie sich vor allem durch den abgeflachten oberen Rand und die fehlende Verriegelungsklappe. E-Fahrzeuge mit Typ-2-Ladedose können ein- und dreiphasig laden. Die erlaubte Ladeleistung ist wesentlich höher, die Ladezeit kürzer. Eine 22 kWh Batterie kann man an einer AC-Ladesäule Typ 2 (Leistung: 43 kW) innerhalb einer halben Stunde aufladen.

Allerdings ist die Ladeleistung der E-Fahrzeuge oft beschränkt. Sie können lediglich 3,7 kW, 7,3 kW oder 11 kW Wechselstrom ziehen, um ihre Batterien zu füllen. Dann dauert das Laden entsprechend lange. Ein schnellerer Weg sind die DC-Ladesäulen, die dreiphasig angeschlossen sind und sehr hohe Ladeleistungen ermöglichen (Supercharger). Solche Systeme stehen an den Tankstellen der Autobahnen, damit kann man innerhalb einer halben Stunde die Batterie bis zu 80 % aufladen.

TIPP Laden mit Gleichstrom ist besonders effektiv!

Bei DC existieren zwei Standards: CHAdeMO und CCS. CHAdeMO entstand 2009 in Japan. Im Laufe der Zeit wurden Elektrofahrzeuge mit CHAdeMO-Ladedosen auch in Europa und Amerika verbreitet, durch Hersteller wie Toyota, Mitsubishi oder Nissan. Die Ladesäulen wurden auch außerhalb Japans gebaut.

Die CCS-Ladestationen (Combined Charging System) können beides: AC- und DC-Laden. So kann ein E-Auto mit einer CCS-Ladedose sowohl an AC- als auch an DC-Ladesäulen den Strom tanken. Ein weiterer Vorteil von Combo-Steckern ist die höhere Leistungsfähigkeit. So kann ein CHAdeMO-Stecker 50 kW, im Gegensatz zu 200 kW mit Combo-Steckern.

TIPP Mindestens dreiphasigen Wechselstrom nutzen!

Uns interessiert vor allem die Ladetechnik fürs Gebäude oder die Garage. Prinzipiell sollte man in die Garage dreiphasigen Strom verlegen, auch Kraftstrom oder Drehstrom genannt (400 V). Die Absicherung der Hausversorgung erfolgt in der Regel mit 16 A. Also kann man etwas mehr als 6 kW Ladeleistung übertragen. Das genügt völlig, um das E-Auto über Nacht zu betanken.

Auf dem privaten Grundstück genügt eine dreiphasige Steckdose völlig aus. Wandhängende Wallboxen oder stehende Ladesäulen sind eher was für den öffentlichen Straßenraum, für Parkhäuser, Hotelgaragen oder Firmen. Dort wird neben dem Ladestrom meist ein Abrechnungssystem benötigt, mittels Tankkarte oder RFID. Das braucht der private Nutzer in seiner Garage nicht.

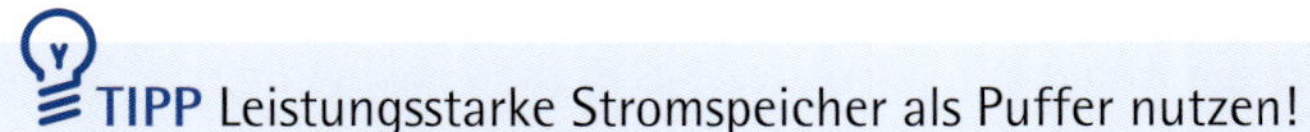

TIPP Leistungsstarke Stromspeicher als Puffer nutzen!

Solarer Carport am Wohnhaus, zur Aufladung des E-Fahrzeuges.
(© Solarterrassen & Carportwerk GmbH, www.solarcarporte.de)

Die Tankstelle am Haus: Mit diesen Ladeboxen lassen sich E-Autos sehr komfortabel und effizient vom Gebäude versorgen.
(© EVBox)

Bei der gewerblichen Anwendung in einem Parkhaus oder der Tiefgarage eines Bürogebäudes sollte der elektrische Anschluss in der Mittelspannung liegen. Dann kann man sehr leistungsstarke Ladestationen implementieren.
Sinnvoll ist es oft, die Ladedosen über einen leistungsstarken Stromspeicher anzusteuern. Er nimmt die Sonnenenergie bei Tage auf, um damit nachts das Auto zu betanken. In der Regel ist das Elektroauto der größte elektrische Verbraucher im Haus. Also muss die Speicherbatterie ausreichend Kapazität haben und genug Leistung anbieten, um die Ladetechnik zu versorgen.

Denkbar ist, von der Photovoltaikanlage mit DC in die Batterie zu gehen, ohne Wandlung zu Wechselstrom. Dann könnte man auch das Auto direkt mit Gleichstrom beladen. Der einfachere Weg führt über die klassische Hausinstallation mit 400-V-Kraftdose (AC).
Bei den Autos sind bereits die ersten Modelle auf dem Mark, die bidirektional laden und entladen können. Dann wirkt das Auto wie eine Speicherbatterie, die ihren Strom ins Haus entladen kann. Mit solchen Systemen wird es denkbar, den elektrischen Hausanschluss zum Stromnetz zu kappen und notwendige Stromreserven an der öffentlichen Ladestelle zu kaufen.
Mit Brennstoffzellen wird die Sache noch charmanter. Dann kann man das bidirektionale Fahrzeug über Nacht direkt aus der Brennstoffzelle beladen – ohne Umweg über eine Solarbatterie. Auf diese Weise erhöht sich die Wirtschaftlichkeit der Brennstoffzellen, ihre Amortisationszeit verkürzt sich beträchtlich.
Eine Marktübersicht über die aktuell verfügbaren Ladesysteme finden Sie zum Beispiel auf der Website der Fachmesse Power2Drive: www.powertodrive.de/de/news-presse/download-bereich/publikationen

6.6.2 Parkflächen nutzen

Bislang vernachlässigte und weitgehend unökonomische Flächen wie Parkplätze erhalten durch solare Überdachungen und E-Ladepunkte eine Aufwertung. Das ist im Interesse der Menschen und der Kommunen, deshalb werden solche Projekte oft unterstützt.
Auch lassen sich innerstädtische Parkhäuser auf neue Weise verwerten: Indem man die Fassaden für Solartechnik nutzt und das Oberdeck mit einem Solardach abschließt, wird die solare Versorgung der Ladesäulen für E-Fahrzeuge möglich. Leistungsstarke Stromspeicher mit dynamischem Lastmanagement entlasten den Netzanschluss und halten die Netzanschlussleistung im Zaum. Andernfalls wäre die Umrüstung eines Parkhauses auf E-Mobilität kaum zu finanzieren.
Faktisch wird fortan jedes Gebäude zur E-Tankstelle, jeder Immobilienbesitzer kann in den Handel mit Ladestrom einsteigen – wenn er Sonnenstrom erzeugt.
Dabei sind eichrechtliche und steuerliche Aspekte zu beachten. Zumindest an Wohngebäuden und im Gebäudebestand von Firmen (Firmenareale) dürfte sich die Ladetechnik recht schnell herumsprechen. Denn die ökonomischen Vorteile von E-Firmenflotten gegenüber Fahrzeugen mit fossilen Verbrennungsmotoren sind sehr hoch.

Freistehender Solarcarport ClickCon PV-Carportsysteme: Sie sind sehr gut für innerstädtische oder innerbetriebliche Parkflächen geeignet und schaffen Ladeplätze für E-Fahrzeuge.
(© ClickCon PV-Carportsysteme)

Für die Fassade des Mehrfamilienhauses Solaris in Zürich – entworfen von den Architekten des Büros Huggenbergfries – hat der Modulhersteller Ertex Solar zusammen mit dem Architekten Spezialmodule entwickelt. Denn das Gebäude sollte sich mit den ziegelroten Modulen in die Umgebung einfügen. Zusätzlich wurden die Solarmodule mit einem speziellen Frontglas bestückt. Dessen Oberfläche ist mit prismenförmigen Rillen strukturiert, sodass auch bei geringer Sonneneinstrahlung Streulicht auf die dahinter liegenden Solarzellen geworfen wird. Dadurch können die Ertragseinbußen auf ein Minimum reduziert werden – trotz des dünnen Digitaldrucks, der die dahinter liegenden Solarzellen verschattet. (© Velka Botička)

7

Betrieb und Wartung

Ist die aktive Gebäudehülle fertig, geht es um den sicheren und ertragreichen Betrieb der Solarelemente. Das ist allerdings nicht nur ein Thema, mit dem sich die Eigentümer beschäftigen müssen. Der Architekt muss den künftigen Betrieb bereits in der Planung berücksichtigen.

Für die Architekten und Planer sind Betrieb und Wartung für den erfolgreichen Abschluss der Leistungsphase 9 relevant. Erst wenn eine funktionierende solare Gebäudehülle erfolgreich an den Bauherrn übergeben ist, beginnt die Dauer der Mängelhaftung. Je länger sich eine erfolgreiche Inbetriebnahme hinzieht, desto länger ist der Architekt in dieser Mängelhaftung gebunden.

7.1 Inbetriebnahme

Diese Übergabe des Solargenerators erfolgt mit der lückenlosen Dokumentation der Anlage, ihrer Komponenten und der Planungsunterlagen. Sie bilden die Grundlage für das Monitoring der Solaranlage – sowohl in der Fassade als auch im oder auf dem Dach. Sie sind ebenfalls die Basis für den Servicehandwerker, falls ein Fehler an der Anlage auftritt.

In diese Dokumentation gehören alle Angaben zur Solaranlage. Das beginnt mit der installierten Leistung für jeden einzelnen separaten Anlagenteil, geht über die Ausrichtung und die Neigung der Module bis hin zu den Herstellerangaben der Paneele inklusive deren Leistung, Leistungstoleranz, Kurzschlussstrom, Leerlaufspannung, MPP-Strom, MPP-Spannung und den vorhandenen Prüfzertifikaten.

In die Dokumentation gehört auch ein detaillierter Schaltplan des Modulfeldes, sodass im späteren Wartungsfall ein eventueller Fehler schnell auffindbar ist. Auch eine fotografische Dokumentation der Anlage ist hilfreich bei der späteren Klärung von Garantie- und Haftungsansprüchen. Zudem gehört auch die detaillierte Beschreibung der gesamten elektrischen Verschaltung und der installierten Leistungselektronik in die Dokumentation. Neben den Angaben zum Wechselrichter oder den eventuell verbauten Leistungsoptimierern ist hier eine Beschreibung der eingesetzten Komponenten wichtig. Das gilt sowohl für die Zähler und die Lasttrennschalter, mit denen im Wartungsfall die Anlage spannungsfrei geschaltet wird, als auch für die verwendeten Kabel und Leitungen sowie für das eingesetzte Montagesystem.

Hier wird zudem die fachgerechte Installation dokumentiert, die unbedingt ein geschulter Fachhandwerker übernehmen sollte. Er dokumentiert die Inbetriebnahme des Solargenerators, des Wechselrichters, des Netzanschlusses mit den Zählern sowie den korrekten Einbau eines eventuell integrierten Stromspeichers.

Diese Dokumentation wird dem Bauherrn übergeben. Er bzw. der Gebäudeeigentümer führt sie später im Rahmen der Betriebsführung weiter. In der Dokumentation werden dann alle turnusmäßigen Überprüfungen der Anlage, die Durchsichten, die Wartungsarbeiten und die Reinigung aufgezeichnet.

TIPP Es ist ratsam, ein entsprechendes Wartungsregime sowie das Verfahren bei eventuell auftretenden Mängeln und Schäden gleich mit der Inbetriebnahme der Anlage zu vereinbaren.

7.2 Monitoring

Die Grundlage für einen erfolgreichen Betrieb der solaren Gebäudehülle ist das Monitoring. Hier entscheidet sich, ob die Solaranlagen die Erträge bringen, die einerseits für die Wirtschaftlichkeit des Gebäudes entscheidend sind und andererseits in die Bestimmung des energetischen Standards des Gebäudes einfließen.
Deshalb müssen bei der Planung entsprechende Monitoringkomponenten mit berücksichtigt werden. Inzwischen haben viele Wechselrichterhersteller entsprechende Funktionen in ihre Geräte integriert. Sollte das nicht der Fall sein, ist im Haustechnikraum ein

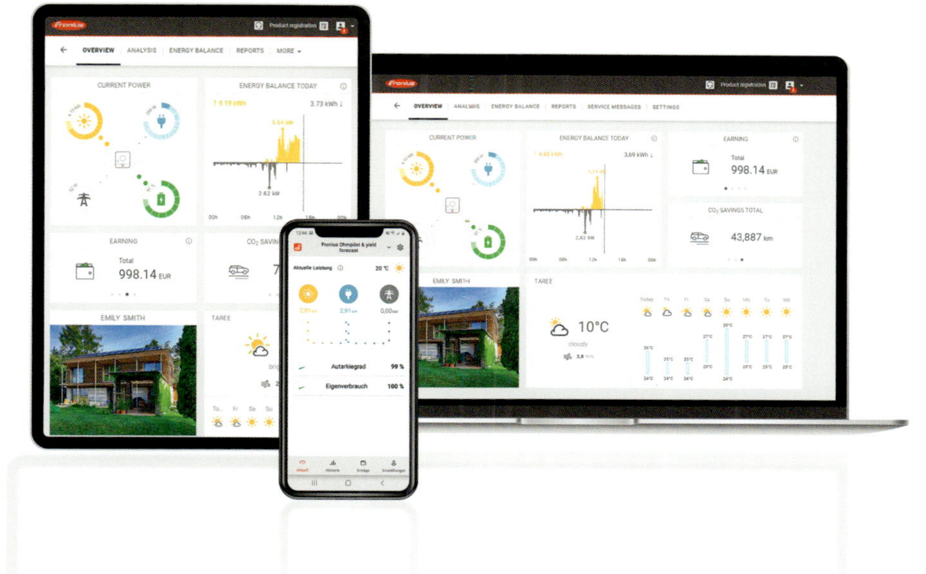

Die meisten Wechselrichter bringen ein ausreichendes Monitoring der Anlage bereits mit. Die Daten sind in einem Webportal abrufbar.
(© Fronius International GmbH)

Der regelmäßige Blick auf das Display des Wechselrichters lohnt sich.
(© Velka Botička)

Platz für einen sogenannten Datenlogger vorzusehen. Der übernimmt dann die Aufgabe, die Produktionsdaten der Solarmodule aufzuzeichnen und zu speichern.
Ein Servicetechniker oder ein Hausverwalter kann auf diese Daten zugreifen und grob überprüfen, ob die Module in Abhängigkeit von ihrer Ausrichtung und der aktuellen Wetterlage die vorher berechneten Strommengen liefern.
Hier ist der Abgleich mit den Wetterdaten aber unterschiedlich effektiv. Einige Monitoringsysteme greifen auf Daten von Wetterdiensten zurück. Das reicht in der Regel aus, um den Ertrag zu beobachten und gravierende Probleme zu erkennen. Denn selbst wenn die Wetterdaten nicht sehr präzise sind, ist doch der Unterschied zu den realen Wetter- und Einstrahlungsbedingungen konstant.
Präzisere Wetterdaten sind notwendig, wenn der Hauseigentümer den Strom selbst vermarkten will oder ein Fernzugriff des Netzbetreibers vorgeschrieben ist. Dann müssen entsprechende Sensoren installiert werden, die mindestens die Werte für die Sonneneinstrahlung, die Windgeschwindigkeit und die Außentemperatur erfassen. Entsprechend sind solche Sensoren schon in der Planung mit vorzusehen. Aus diesen Werten errechnet das Monitoringsystem den Ertrag, der zu erwarten ist – in Abhängigkeit von der Ausrichtung der Module und dem Winkel zur Sonne. Dann kann der Hauseigentümer schnell überprüfen, ob dieser prognostizierte Ertrag mit der tatsächlichen Stromlieferung der Module übereinstimmt.
Die Auswertung der Ertragsdaten erfolgt anhand von zeitlich aufgelösten Kurven, die entweder lokal am Gerät oder in einem entsprechenden Monitoringportal angezeigt werden. Hier zeigt sich schnell, ob die Anlage einwandfrei läuft oder ob ein Fehler vorliegt. Falls Abweichungen von der Prognose aufgezeichnet werden, muss der Hauseigentümer schnell reagieren. Deshalb sollten die Daten regelmäßig und in kurzen Abständen kontrolliert werden.

TIPP Die Monitoringsysteme übertragen die Daten in der Regel über eine Internetverbindung – mehrheitlich über DSL oder Mobilfunk – oder über das Telefonnetz. Deshalb müssen auch hier entsprechende Anlagenkomponenten in der Planung berücksichtigt und installiert werden.

7.3 Reinigung und Pflege

In den Monitoringdaten schlagen sich nicht nur Fehler an den Modulen oder der Leistungselektronik nieder. Auch Verschmutzungen der Module führen zu geringeren Erträgen als prognostiziert.
Es gibt zwar einen gewissen Selbstreinigungseffekt der Module. Er ist aber sehr begrenzt. Deshalb müssen die Anlagen regelmäßig gesäubert werden. Wie oft das notwendig ist, hängt von vielen Faktoren ab. So ist der Standort der Anlage entscheidend. Steht das Gebäude mit der Solaranlage in der Nähe von starken Emittenten von Asche wie Verbrennungsanlagen oder mitten in der Stadt, lagert sich schnell Schmutz ab. Deshalb müssen diese Anlagen öfter geputzt werden als solche auf oder an einem Gebäude in einer Wohnsiedlung im Grünen.
Doch auch hier verschmutzen die Module. Denn dort lagern sich Pollen oder Exkremente von Vögeln ab. Bei Anlagen an oder auf Gebäuden mit Restaurantbetrieb in der Gewerbeeinheit kann fettige Küchenabluft zu zusätzlicher Verschmutzung führen.

In allen Fällen lagert sich der Schmutz schichtweise auf der Moduloberfläche ab. Er kann sich unter der heißen Sonne auch in das Deckglas einbrennen. Je dicker diese Schicht ist, desto höher ist der Ertragsverlust. Nach zwei bis drei Jahren kann die Verschmutzung unter extremen Bedingungen 15 % und mehr Ertragseinbußen verursachen. Teilweise abgewaschen wird der Schmutz nur, wenn die Paneele steil genug aufgeständert sind.

TIPP Je höher der Anstellwinkel, desto besser funktioniert die Selbstreinigung. Ab einem Anstellwinkel von unter 15 Grad wirkt diese nach Angaben der Hersteller der Module und der Montagesysteme gar nicht mehr. Dann muss entsprechend öfter gereinigt werden.

Zudem ist ein Solarmodul bei genauer Betrachtung zwar in der Handhabung bei der Montage ein Glaselement, das zusätzlich elektrisch angeschlossen werden muss. Aber wenn es um die Reinigung geht, ist es ein Bauteil, das besonderer Aufmerksamkeit bedarf. Die Modulgläser sind in der Regel mit einer Antireflexschicht versehen. Dadurch haben die Module eine raue Oberfläche, auf der sich feiner Schmutz gut einlagern kann. Je häufiger er feucht wird, desto härter wird die Schmutzkruste.

Diese Antireflexbeschichtung ist außerdem sehr empfindlich. Deshalb sollte die Verwendung von aggressiven Lösungsmitteln genauso unterbleiben wie die von unaufbereitetem Leitungswasser in Regionen mit hartem, kalkhaltigem Wasser. Der Kalk im Wasser hinterlässt nach dem Trocknen Streifen und Flecken und ist dann ein Herd für weitere Schmutzansammlungen.

Die Modulhersteller geben genaue Anweisungen, wie die Module zu reinigen sind. Diese müssen eingehalten werden, sonst droht der Verlust der Gewährleistung. Die empfindliche Moduloberfläche verlangt nach Vorsicht und einer besonderen Expertise. Die Reinigung sollten deshalb unbedingt darauf spezialisierte Dienstleister übernehmen. Sie wissen genau, welche Reinigungstechniken und welche Flüssigkeiten sie verwenden dürfen, damit die Oberfläche der Module nicht beschädigt wird.

Der Architekt kann dennoch Einfluss auf die Reinigung nehmen. Denn es hängt vom Aufbau der verwendeten Module und von der Art der Installation ab, wie oft gereinigt werden muss. Module mit Rahmen müssen öfter geputzt werden als rahmenlose Paneele. Denn der Regen kann zwar den Schmutz von der Moduloberfläche spülen. Doch an den unteren Rahmenkanten wird sich dieser sammeln. Das führt auf Dauer, wenn diese Schmutzschicht bis in den Bereich der Solarzellen reicht, zu Modulfehlern und zu Ertragseinbußen. Dazu kommt noch, dass ungerahmte Module leichter zu reinigen sind als die Paneele mit Rahmen. Zudem muss der Zugang der Mitarbeiter der Reinigungsdienstleister zur Anlage im Entwurf mit eingeplant werden (siehe Abschnitt 7.4.1 Zugänglichkeit für Wartung).

Ist der Solargenerator Teil eines begrünten Flachdaches, kann ebenfalls ein höherer Reinigungsaufwand anfallen. Denn dann kommt zum Staub aus der Umgebung noch der Blütenstaub, wenn das Gründach mit Blühpflanzen ausgestattet ist. Zudem muss der Planer dann ohnehin darauf achten, dass Pflanzen verwendet werden, die nicht allzu hoch wachsen und die Solarmodule verschatten. Andernfalls käme zur Reinigung noch dazu, dass die Pflanzen entsprechend regelmäßig gekürzt werden.

TIPP Wann gereinigt werden soll, hängt vom Umfeld des Gebäudes ab, in dem es steht. Im urbanen Raum hat sich eine Reinigung im Frühjahr bewährt, nach dem Pollenflug und vor der üppigen Stromernte in der Sommersaison.

Je flacher das Modul angestellt ist, desto schneller verschmutzt es, vor allem wenn die Anlage in der Nähe von Staub- und Schmutzquellen errichtet wurde. Wenn Vogelkot hinzukommt, muss unbedingt gereinigt werden.
(© Velka Botička)

Die regelmäßige Reinigung von Dachanlagen – gleichgültig ob auf dem Dach angebracht oder im Dach integriert – sorgt dafür, dass die prognostizierten Erträge erreicht werden.
(© SunBrush mobil GmbH)

Die empfindliche Antireflexschicht ist hier deutlich zu sehen. Diese darf beim Reinigen nicht beschädigt werden.
(© Heckert Solar)

Auch auf dem Flachdach machen sich ungerahmte Module gut, vor allem wenn der Anstellwinkel sehr niedrig ist. Dann bleibt nach dem Regen kein Schmutz an den Rahmen hängen, der dort verkrustet.
(© Bouygues E&S InTec Schweiz AG, Geschäftseinheit Helion)

7.3.1 Aufdachanlagen reinigen

Die Reinigung einer Anlage auf dem Flachdach ist in der Regel keine Herausforderung, wenn die Empfehlungen zur Zugänglichkeit der Anlage in der Planung berücksichtigt wurden. Schwieriger ist es bei Anlagen auf Schrägdächern. Denn in der Regel sind dort Wartungsgänge nicht vorgesehen. Doch die Solarbranche hat dafür schon längst Lösungen gefunden, sowohl kleine als auch große Aufdachanlagen putzen zu können.
Das Spektrum reicht von der Nutzung manuell geführter Hochdruckreiniger über die Verwendung von Reinigungsrobotern durch die Dienstleister bis hin zu fest installierten Reinigungsanlagen. Letztere sollten gleich in der Planung des Gebäudes mit berücksichtigt und ausreichend dimensioniert werden.

Dieser kleine Helfer fährt auf Raupenketten über die Module und putzt sie. Der Einsatz ist nur bis zu einer vorgegebenen Dachneigung möglich, die der Hersteller in seinem Datenblatt angibt.
(© TG hyLIFT)

Die Reinigungsroboter bekommen das Wasser durch eine dünne Leitung geliefert.
(© TG hyLIFT)

Die einfachen Ausführungen bestehen aus einem Sprühbalken mit Düsen. Durch diese wird – vornehmlich abends oder nachts – regelmäßig Wasser auf die Solarmodule gespritzt, welches den Schmutz wie ein alltäglicher Regenguss von den Modulen wäscht. Der regelmäßige Einsatz verhindert, dass sich Schmutz festsetzen oder sogar in die Moduloberfläche einbrennen kann. Auch Hinterlassenschaften von Vögeln können so abgespült werden, bevor sie antrocknen und verkrusten.

Einige Spezialfirmen bieten auch fest installierte Reinigungssysteme an, die regelmäßig mit Bürsten dem Schmutz auf den Modulen zu Leibe rücken. Sie werden entweder an die Unterkonstruktion von Dachanlagen angebunden oder an eigenen Dachhaken montiert.

Für kleinere Anlagen hat sich die manuelle und halbautomatische Reinigung bewährt. Zwar gibt es inzwischen auch Sets für Hauseigentümer, um die Anlage selbst zu reinigen. Dabei kann der Hauseigentümer selbst mit rotierenden Bürsten, die an einer langen Teleskopstange befestigt sind, die Anlage putzen. Doch muss er unbedingt die Vorgaben der Modulhersteller beachten.

Wichtig ist dabei, dass er entmineralisiertes Wasser verwendet. Das hat zum einen eine bessere Reinigungswirkung und hinterlässt zum anderen keine Spuren und Schlieren nach dem Trocknen.

TIPP Außerdem ist der Gang auf das Dach tabu, um dort die rotierenden Bürsten abzuseilen und so die Anlage zu putzen. Denn die Absturzgefahr ist zu groß und ohne Sicherungssystem sollte sich ohnehin niemand auf ein Dach begeben.

Deshalb ist es auch für Besitzer von Einfamilienhäusern mit Solardächern besser, einen professionellen Dienstleister zu beauftragen. Dessen Mitarbeiter sind einerseits für die Arbeit auf dem Dach geschult und bringen die notwendigen Sicherungssysteme gegen Absturz mit. Außerdem arbeiten sie mit der Technik und den Flüssigkeiten, die von den Modulherstellern zugelassen sind und die teilweise recht empfindliche Moduloberfläche schonen.

7.3.2 Indachanlagen reinigen

Die Selbstreinigung funktioniert bei Indachanlagen in der Regel besser als bei Aufdachanlagen. Denn letztere werden meist mit preiswerten gerahmten Modulen gebaut. Die Indachanlagen sind normalerweise so konzipiert, dass zumindest die Modulunterkante rahmenlos bleibt. Zudem werden die Module bei den meisten Systemen überlappend wie konventionelle Dachschindeln verlegt. Dadurch kann das Wasser ungehindert abfließen und so einen großen Teil des Schmutzes von den Modulen waschen. Das sollten die Planer bei der Auswahl des Montagesystems beachten.

Auch der Schnee rutscht besser ab, weil er nicht an Rahmen aufgehalten wird. Das sorgt nicht nur dafür, dass im Winter die Module mehr Strom produzieren, weil der Schnee nicht auf ihnen liegen bleibt. Der Schnee putzt auch gleich die Module mit, wenn er nach unten über die Module und die Traufe abrutscht.

Dennoch empfiehlt sich eine regelmäßige Reinigung, auch wenn die Abstände größer sind als bei Aufdachanlagen. Die Herausforderung ist dabei der Zugang zu den Modulen. Die solare Dacheindeckung eines Einfamilienhauses ist hier sicherlich kein Problem. Denn hier kommt der Reinigungsdienstleister mit einem Hubsteiger nah an die Anlage. Auf höheren Gebäuden muss der Architekt die Reinigung mit beachten. Denn hier müssten Wartungswege und Sicherungen gegen Absturz mit eingeplant werden. Dann kann sich der Reiniger sicher auf dem Dach bewegen und die gängigen Geräte einsetzen.

Die Module von Indachanlagen sind überlappend installiert und die Rahmen sind – wenn überhaupt vorhanden – unten offen. Dadurch verbessert sich der Selbstreinigungseffekt.
(© Velka Botička)

Je steiler das Dach ist, dessen Eindeckung die Module bilden, desto weniger Probleme gibt es mit Verschmutzungen.
(© SOLARWATT GmbH)

7.3.3 Solarfassaden säubern

Zwar verbessert sich der Selbstreinigungseffekt der Module mit steigendem Anstellwinkel, der an Fassaden mit 90 Grad am höchsten ist. Doch hat sich aus der Erfahrung mit Glasfassaden gezeigt, dass auch diese einer regelmäßigen Reinigung bedürfen. Denn der Feinstaub aus dem Verkehr setzt sich auch dort ab.

Was bei einer passiven Glasfassade vor allem optische Gründe hat, ist bei einer solaraktiven Fassade ein zusätzlicher Baustein, um die Erträge zu sichern. Entsprechend müssen die Reinigungsintervalle an die örtlichen Gegebenheiten angepasst werden, damit die Moduloberflächen sauber bleiben und die Erträge stimmen. So ist die Reinigung der Solarfassade häufiger notwendig, wenn das Gebäude an einer stark befahrenen Straße steht, als wenn es in einem verkehrsberuhigten Wohngebiet gebaut wurde.

Der Vorteil im Falle der Solarfassade ist, dass entsprechende Reinigungssysteme und Erfahrungen mit ihrem Einsatz bereits vorhanden sind. Allerdings sollte vor der Reinigung mit dem Modulhersteller abgeklärt werden, welche Bürsten über die speziellen Ober-

flächen gleiten dürfen, welche Beschaffenheit das Reinigungswasser haben muss und welche Putzmittel verwendet werden dürfen. Denn auch hier gilt: Beim Putzen der Solarfassade ist Expertise gefragt.
So sollten auch Reinigungskräfte beispielsweise in Büro- und Gewerbeimmobilien entsprechend eingewiesen werden, dass eingebaute Solarfenster, die sich öffnen lassen, nur nach den Vorgaben des Herstellers geputzt werden dürfen. Das gilt auch für das Putzen von solaren Glaselementen an den Fassaden von Wohngebäuden.

7.4 Zugänglichkeit und Fehlersuche

Die Monitoringeinrichtungen der Solaranlagen zeichnen nicht nur Ertragsminderungen bei Verschmutzungen auf, sondern lassen auch Rückschlüsse auf mögliche technische Fehler zu. Die Fehlerbandbreite ist groß. Sie reicht von den verschiedensten Modulfehlern und -defekten über Probleme mit den Anschlussdosen, der Verkabelung bis hin zu Schäden an der Leistungselektronik.
Da die solaren Bauelemente zum integralen Bestandteil der Gebäude werden, müssen sie entsprechend lang halten und zuverlässig Strom produzieren. Deshalb sollten Architektin und Architekt sowie Bauherrin und Bauherr grundsätzlich hochwertigen Komponenten mit umfangreichen Herstellergarantien den Vorzug geben.
Dennoch besteht ein Fehlerrisiko, wie bei jeder technischen Anlage – die Photovoltaik bildet hier keine Ausnahme. Deshalb sollten Möglichkeiten vorgesehen werden, bei einem Fehler reagieren zu können.

TIPP Grundlage dafür ist, dass ein Techniker oder Dienstleister an die defekten Komponenten herankommt. Wie einfach oder kompliziert das ist, darauf kann schon in der Entwurfsphase Einfluss genommen werden.

7.4.1 Zugänglichkeit für die Wartung

Was dem Rohrsystem im Gebäude seine Revisionsklappe ist, ist der Solaranlage der Wartungsgang: die Möglichkeit, bei Fehlern oder Defekten die einzelnen Komponenten zu erreichen, um sie zu reparieren oder sogar auszutauschen, um die Funktionstüchtigkeit des Gesamtsystems wieder herzustellen. Das ist entscheidend vor allem mit Blick auf die Bedeutung jedes Einzelteils für die gesamte Solaranlage.
So sind die Solarzellen in den Modulen in Reihe geschaltet. Diese Reihenschaltung zieht sich in der Verkabelung der einzelnen Module weiter. So senkt ein Fehler in einem einzelnen Modul nicht nur dessen Erträge. Vielmehr sinkt die Stromproduktion des gesamten Strings aus Modulen. Deshalb ist es notwendig, schnelle Reparaturen zu ermöglichen.

7.4.1.1 Zugänglichkeit von Aufdachanlagen

Das ist bei Anlagen, die auf flachen Dächern aufgeständert sind, noch relativ einfach. Denn die meisten Hersteller von Montagesystemen haben diese Wartungsgänge in ihren Gestellen schon mit vorgesehen und integriert. Darauf sollten Planer und Architekten bei der Auswahl der Systeme achten.

Auf diese Weise kann der Handwerker sehr einfach jedes einzelne Modul erreichen, es reparieren oder austauschen. Auch die elektrischen Anschlüsse und Kabel sowie eventuell installierte Leistungselektronik wie Leistungsoptimierer oder Modulwechselrichter sind gut zugänglich, sodass auch hier ein Techniker schnell auf Probleme reagieren kann. Zudem liegen die Kabel frei – bestenfalls in einem Kabelkanal, der die elektrischen Leitungen vor Umwelteinflüssen schützt, der aber auch geöffnet werden kann.

Die Kabelverbindung zum Wechselrichter, der in der Regel im Keller installiert wird, kann so verlegt werden, dass mögliche Defekte mit dem gleichen Aufwand behoben werden können, wie Defekte an der regulären häuslichen Elektroinstallation. Auch der Zugang zum Wechselrichter muss einfach möglich sein, nicht nur um die Erträge der Solaranlage im Blick behalten zu können, sondern auch um bei Defekten reparieren oder austauschen zu können. Zumal hier ohnehin die Vorgaben für die Installation durch den Hersteller einzuhalten sind, auch was die räumliche Umgebung betrifft.

Das ist bei Schrägdachanlagen – sowohl integriert als auch auf dem Dach montiert – nicht so einfach. Schließlich ist hier die Solaranlage Teil des optischen Gesamteindrucks des Gebäudes. Ein einheitliches Deckbild ist dafür Voraussetzung, lässt aber die Integration von Wartungsgängen kaum zu. Deshalb müssen sich die Techniker und Handwerker auf andere Weise zu den Fehler vorarbeiten.

TIPP Handwerker dürfen in den allermeisten Fällen nicht über die Module laufen. Dass ein Hersteller seine Module zum Betreten freigibt, ist eher die Ausnahme.

Selbst wenn die Modulgläser den punktuellen Druck bei Betreten aushalten, besteht die Gefahr, dass die hauchdünnen Solarzellen darunter zerbrechen. Solche von außen nicht sichtbaren Mikrorisse sind hinterher sogar noch schwerer zu lokalisieren und zu bewerten als ein gebrochenes Modulglas. Zudem weiten sie sich im Laufe der Zeit schleichend aus und können zum Totalausfall der Zelle führen mit Konsequenzen für den Ertrag, die den gesamten Modulstring betreffen.

Die Module vertragen zwar Druckbelastungen in der Regel von 5.400 N. Das sind satte 550,65 kg pro m^2. Doch das gilt für einen flächigen Lasteintrag wie eine Schneedecke. Der Handwerker bringt die Last aber punktförmig auf das Modul, wenn er darüber läuft. Dafür sind die meisten Module wiederum nicht ausgelegt.

Über die Jahre hinweg hat die Solarbranche auf diese Herausforderung reagiert, die schließlich schon seit Beginn des massenhaften Ausbaus besteht. So gibt es inzwischen Multiboards, mit denen sich der Servicetechniker seinen eigenen Wartungssteg über die Modulfläche anlegen kann. Das sind kleine Arbeitsplattformen aus Aluminium mit einer rutschfesten Oberfläche, um sie auch bei Nässe einsetzen zu können. Sie sind breit genug, sodass der Handwerker sicher darauf arbeiten kann.

TIPP Multiboards und Leitern erleichtern die Arbeit auf dem Dach.

Auch mit Solarleitern kann sich der Handwerker zu einem defekten Modul auf dem Dach vorarbeiten. Allerdings ist der Einsatz begrenzt. So können die Boards und Solarleitern nur auf gerahmten Modulen verwendet werden. Zudem sind die Boards nur für eine Dachneigung von bis zu 40° zugelassen. Die Solarleitern ermöglichen ein sicheres Arbeiten auf Dächern mit einer Neigung von bis zu 60°. Sind beide Varianten nicht einsetzbar, bleibt dem Handwerker nur noch die Möglichkeit, sich einen Weg zum defekten Modul zu bahnen, indem er vom Rand her die anderen Module deinstalliert.

Auf dem Flachdach ist die Zugänglichkeit in der Regel kein Problem. Die meisten Hersteller von Montagesystemen planen Wartungszugänge ohnehin gleich mit ein.
(© Velka Botička)

Auf großen Modulfeldern auf dem Schrägdach muss sich der Handwerker, der die Wartung übernommen hat, mit Hilfsmitteln einen Weg zum Modul bahnen, das er näher inspizieren will.
(© SMB Solar Multiboard, www.solar-multiboard.de)

7.4.1.2 Zugang zu Indachsolarsystemen

Beide oben genannten Varianten sind so für rahmenlose Module nicht geeignet, die in der Regel für die Dachintegration verwendet werden. Hier muss sich der Handwerker auf andere Art zum defekten Modul vorarbeiten. Dabei kann ihm der Planer helfend zur Seite springen, indem er beispielsweise Hilfsvorrichtungen gleich mit montieren lässt wie beispielsweise Anschläge für Solarleitern.

Hat der Handwerker die Module einmal erreicht, ist die Demontage in der Regel einfach. Aber auch hier gilt: Architekt und Planer haben es mit der Auswahl des Montagesystems in der Hand, die einfache Wartung zu ermöglichen, indem sie solche Produkte auswählen, die das auch zulassen.

7.4.1.3 Zugang zu Solarfassaden

Die Wartung der Solarfassade verlangt ebenfalls nach ausführlicher Vorbereitung schon in der Phase der Planung. So sollte der einfach mögliche Modultausch hier gleich mit beachtet werden. Da sich Solarmodule vom Montageprinzip nicht von konventionellen Glaselementen für Fassaden unterscheiden, sind hier entsprechende Ansätze bereits vorhanden.

In der Regel werden Solarfassaden in zwei unterschiedlichen Arten ausgeführt: als vorgehängte hinterlüftete Fassade oder als Pfosten-Riegel-Konstruktion. Im Falle der vorgehängten solaren Kaltfassaden werden die Module mit Modulklammern oder Hinterschnittankern – wenn die Haltetechnik unsichtbar sein soll – in waagerechten Traversen oder anderen Montageelementen installiert. Diese sind mit Ankern direkt am Mauerwerk befestigt. So lassen sich die Module relativ einfach abmontieren, indem die Modulhalter gelöst werden.

Der Vorteil der vorgehängten hinterlüfteten Fassadenkonstruktionen ist, dass sie ohnehin einen gewissen Abstand zur Warmfassade halten müssen. In diesem Raum zwischen Modulfläche und Warmfassade ist genügend Platz für die Verlegung der Kabel – entweder in Kabelkörben eingelegt oder mit Kabelklemmen am Montagesystem befestigt. Wenn der Planer bei der Entscheidung für ein Befestigungssystem die Möglichkeit beachtet, dass jedes Modul einzeln entfernt und wieder eingesetzt werden kann, ist auch im Falle eines Fehlers in der Verkabelung die einfache Wartung möglich.

TIPP Solarmodule sind grundsätzlich Glaselemente. Sie werden genauso einfach oder kompliziert getauscht wie die Scheiben von herkömmlichen VSG-Fassaden.

In anderen Fällen müssen separate Kanäle konstruiert werden, in denen die Kabel verlegt sind und dadurch zugänglich bleiben. So hat der Architekt eines Einfamilienhauses in der Schweiz die Fassadenmodule auf eine thermisch getrennte Unterkonstruktion geklebt. Das ist ein gängiges Verfahren bei der Realisierung von Fassaden mit Ethernitplatten oder Natursteinen.

In diesem Falle ist aber ein Tausch eines defekten Moduls nur möglich, wenn dieses physisch zerstört wird. Danach müssen nur noch die Klebereste von der Unterkonstruktion entfernt werden. Im Anschluss wird ein neues Modul aufgeklebt. Das ist beim Tausch eines defekten Moduls zunächst unkritisch. Denn es ist ohnehin kaputt. Die Herausforderung besteht aber in der Zugänglichkeit und der Montage der Kabel.

Diese wurden im Innenraum der Balkonbrüstungen und in den Nischen der Rollläden oder Lamellenvorhänge der Fenster verlegt. Da sich die Kanäle öffnen lassen, kommen die Techniker gut an die Kabel heran. Über diesen Zugang ist es auch möglich, eventuell defekte Module zunächst zu überbrücken, sodass sie komplett inaktiv werden und den String nicht in Mitleidenschaft ziehen. So müssen sie nicht sofort getauscht werden.

Einen ähnlichen Aufwand für die Verkabelung müssen Planer von Pfosten-Riegel-Konstruktionen mit Solarmodulen betreiben. Hier bietet es sich an, die Pfosten oder die Riegel als Kanäle auszuführen, in denen die Kabel verlegt werden können. Die Module selbst werden auf die gleiche Art getauscht wie die Scheiben von herkömmlichen Glasfassaden. Denn sie übernehmen für die eigentliche Gebäudestatik die gleichen Aufgaben.

Da der Wartungsaufwand nicht zu unterschätzen ist, raten einige Fassadenplaner dazu, die Anzahl der möglichen Fehlerquellen in Solarfassaden zu reduzieren. Sie setzen daher

Ein Neubau in Würenlos. Die Module wurden an die Fassade geklebt. Das ist ein gängiges Verfahren im Fassadenbau. Wenn ein Modul defekt ist, wird es von der Fassade entfernt und ein neues angeklebt.
(© Oldani Architektur & Bauberatung GmbH)

Die Kabel wurden hier in die Verkeidung der Jalousienkästen verlegt.
(© Oldani Architektur & Bauberatung GmbH)

Die Kabel der Module an den Balkonbrüstungen wurden in einem separaten Kanal verlegt. Dadurch bleiben sie für Inspektions- und Reparaturzwecke zugänglich.
(© Oldani Architektur & Bauberatung GmbH)

möglichst wenig Leistungselektronik ein, die neben dem Modul und den Steckverbindungen die häufigste Quelle für Fehler in einer Solaranlage ist. Hier sollte genau abgewägt werden, ob die Leistungsoptimierer aufgrund der Verschattungssituation der Fassade tatsächlich notwendig sind oder ob ein einfaches Verkabeln der Module in möglichst kurzen Strings ausreicht. Im letzteren Falle muss die Verkabelung aber so ausgelegt werden, dass das Stringdesign des Modulfeldes an den täglichen Gang der Sonne angepasst ist.

TIPP Weniger Leistungselektronik in der Fassade kann das Fehlerrisiko und den Aufwand zur Reparatur verringern.

7.4.2 Verfahren der Fehlersuche

Eine Reparatur der Solaranlage setzt allerdings voraus, dass der Fehler erst einmal gefunden wird. Auch dabei ist der Zugang zu jedem einzelnen Modul hilfreich. Inzwischen gibt es aber auch Möglichkeiten, die Fehlerquellen einzugrenzen, bevor überhaupt ein Servicetechniker auf das Dach steigt, sich mit einer Hebebühne an einer Solarfassade nach oben bewegt oder in einer Arbeitsplattform an einer solaren Hochhausfassade hinabgelassen wird.

Da diese Fehlersuche abgesehen von der regelmäßigen Sichtprüfung durch den Hauseigentümer ohnehin eine Aufgabe für Dienstleister mit entsprechender Expertise ist, sollen diese Möglichkeiten hier nur umrissen werden. Für einen vertiefenden Einblick sei die Lektüre des Buches „Störungsfreier Betrieb von PV-Anlagen und Speichersystemen“ aus dieser Buchreihe empfohlen.

7.4.2.1 Infrarotthermografie

Für die Fehlerdiagnose können die gängigen Messungen zur elektrischen Sicherheit genutzt werden. Hier ist vor allem die Messung der Strom-Spannungs-Kennlinie ein probates Mittel, um festzustellen, ob ein Fehler in der Anlage vorliegt. Der Handwerker misst, wie sich Spannung und Stromstärke verhalten. Daraus ergibt sich eine Kennlinie.

Aus dieser kann der erfahrene Handwerker nicht nur entnehmen, ob ein Fehler vorliegt. Anhand typischer Kurvenlinien kann er auch erkennen, um welchen Fehler es sich handelt. Eine Verschmutzung zeigt eine andere Kennlinie als Kurzschluss von Zellen oder als eine defekte Bypassdiode in den Modulen oder eine Steckverbindung, die sich gelöst hat. Andererseits ist in der Kennlinie kaum zu unterscheiden, ob es sich um eine Verschmutzung auf dem Modul oder einen Schattenwurf etwa durch eine Antenne oder einen Kamin oder auch einen Baum handelt.

Deshalb setzen sich immer mehr die bildgebenden Verfahren durch, die unterschiedliche Anwendungsgebiete haben. Eines dieser Verfahren ist die Infrarotthermografie. Hier wird von jedem einzelnen Modul ein Wärmebild angefertigt. Die Idee dahinter ist, anhand von unterschiedlichen Temperaturen auf der Moduloberfläche Rückschlüsse auf Fehler zu ziehen. So können auch Modulfehler entdeckt werden, die mit bloßem Auge nicht zu erkennen sind.

TIPP Jeder Fehler zeigt sich in einem Temperaturunterschied im Vergleich zu den benachbarten Solarzellen oder Bereichen des Solarmoduls.

Mit der Infrarotthermografie lassen sich Fehler in den Modulen aufspüren, die von außen nicht zu sehen sind.
(© TÜV Rheinland)

Anhand typischer Verteilung oder typischer Formen von Temperaturunterschieden in Modulen oder über mehrere Module hinweg kann der Handwerker Rückschlüsse über die Art des Fehlers ziehen. Die Höhe des Temperaturunterschiedes ist ein Zeichen für das Ausmaß des Fehlers. Dieses ist wiederum wichtig, um zu bestimmen, ob der Hauseigentümer sofort handeln muss oder ob eine Reparatur oder ein Modultausch noch so lange warten kann, bis eine gewisse Anzahl von Fehlern in der gesamten Anlage behoben werden muss.
Die Thermografie ist an bestimmte Voraussetzungen geknüpft und hat ihre Grenzen. So ist eine gewisse minimale Sonneneinstrahlung notwendig, um überhaupt brauchbare Wärmebilder aufzunehmen. Nur wenn die Solarmodule Strom produzieren, erhitzen sich die fehlerhaften Stellen. Erst dann werden die Temperaturunterschiede sichtbar.
Zudem muss das Wärmebild möglichst im rechten Winkel zur Moduloberfläche aufgenommen werden, was vor allem Wärmebildaufnahmen von sehr hohen Solarfassaden in belebten Innenstädten erschwert. Denn dort ist der Einsatz von geeigneten Flugdrohnen, an denen die Wärmebildkamera montiert wird, nur sehr beschränkt möglich.

TIPP Mit der Thermografie lassen sich nur Fehler erkennen, die zu einer merklichen Temperaturänderung auf der Moduloberfläche führen. Direkt <u>in</u> das Modul kann der Handwerker auf Fehlersuche mit der Elektrolumineszenz schauen.

7.4.2.2 Elektrolumineszenz

Um Elektrolumineszenzaufnahmen anzufertigen, wird das photovoltaische Prinzip, auf dessen Grundlage die Solarzelle Strom produziert, einfach umgedreht. Bei Dunkelheit werden die Solarmodule und damit auch die Zellen selbst unter Strom gesetzt. Dadurch leuchten sie. Mit bloßem Auge ist das nicht zu sehen. Denn die Zellen leuchten im Nahinfrarot- und im Infrarotbereich mit einer Wellenlänge von über 800 Nanometern. Spezielle

Mit einem Hochstativ kann ein dafür ausgerüsteter Dienstleister Elektrolumineszenzaufnahmen anfertigen, ohne das Dach betreten zu müssen.
(© Fladung Solartechnik GmbH, Aachen)

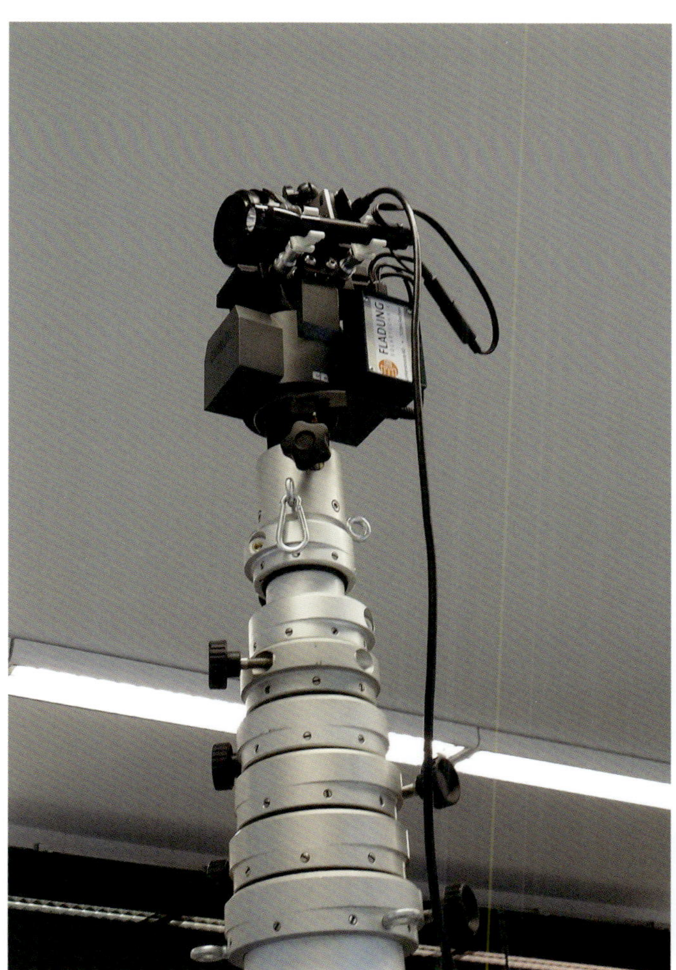

Der Dienstleister hat Spiegelreflexkameras so umgebaut, dass sie das für das menschliche Auge unsichtbare Leuchten des Moduls aufnehmen können, wenn es unter Strom gesetzt wird.
(© Fladung Solartechnik GmbH, Aachen)

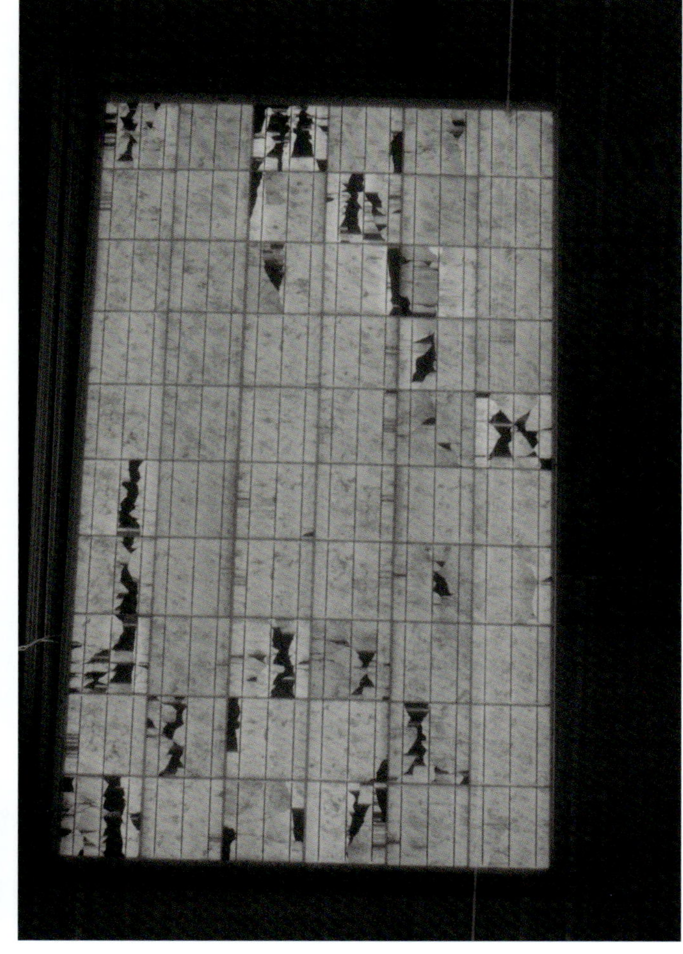

Mit der Elektrolumineszenz kann der Handwerker in das Modul hineinschauen. Deutlich sind die gebrochenen Solarzellen zu erkennen – ein Fehler, der mit bloßem Auge nicht erkennbar wäre.
(© Fladung Solartechnik GmbH, Aachen)

Kameras sind aber in der Lage, dieses Licht aufzunehmen und so in ein Bild umzuwandeln, dass es für den Menschen sichtbar wird.

Hier wird jeder noch so kleinste Riss einer Zelle erkennbar. Denn defekte Bereiche bleiben dunkel. Auf diese Weise sind sogar Fußabdrücke erkennbar, wenn jemand über das Modul gelaufen ist und die Zellen entsprechend beschädigt hat. Wenn mehrere nebeneinanderliegende Zellen dunkel bleiben, kann man anhand des Musters, welche Zellen betroffen sind, feststellen, ob eine Bypassdiode im Modul defekt ist oder ob es sich um andere Modulfehler handelt.

Da die Elektrolumineszenz nur möglich ist, wenn die Zellen selbst keinen Strom produzieren, muss es sehr dunkel während der Aufnahme sein. Deshalb wurden in der Vergangenheit solche Aufnahmen in der Regel in Labors gemacht, die mit einem entsprechenden Equipment ausgestattet sind. Dazu musste das betroffene Modul demontiert, eingeschickt, vermessen und diese Messung ausgewertet werden. Das ist sehr aufwendig und lohnt sich nur, wenn größere Schäden versicherungs- oder gewährleistungsrechtlich abgeklärt werden müssen.

Inzwischen gibt es die Möglichkeit, Elektrolumineszenzaufnahmen direkt vor Ort zu realisieren. Mobile Testfahrzeuge, in denen das notwendige Equipment eingebaut ist, sparen das Versenden der Module ins Labor. Die Demontage ist aber trotzdem noch notwendig.

Es bestehen aber auch Möglichkeiten, Elektrolumineszenzaufnahmen anzufertigen, ohne die Module zu deinstallieren. Eine dieser Möglichkeiten ist, nachts mit einem speziellen Gerät die Module stringweise unter Strom zu setzen. Mit einer speziellen Kamera kann der Handwerker das Leuchten der Solarzellen aufnehmen. Im Anschluss werden die Bilder ausgewertet und die Fehler sichtbar gemacht.

Diese Lösung ist aber nur nachts anwendbar. Bei Dunkelheit funktioniert aber der Autofokus von Kameras nicht. Das stellt die Techniker vor die Herausforderung, dass der Abstand zwischen Kamera und Modul konstant bleiben muss. Sonst werden die Bilder unscharf. Eine andere Möglichkeit ist es, dass das Objektiv der Kamera mit einer Fernsteuerung verbunden ist, mit der der Techniker den Fokus verändern und das Bild scharf stellen kann.

Ist der Zugang zur Anlage auf einem Dach möglich, kann der Techniker die Kamera an einem Schwebestativ montieren, wie es auch für verwackelungsfreie professionelle Filmaufnahmen verwendet wird. Ist das nicht möglich, das Gebäude aber niedrig genug, kann er die Kamera an einem Teleskopstativ befestigen und so die Aufnahmen vom Boden aus machen. Im Extremfall kommen geeignete Flugdrohnen zum Einsatz, an denen die spezielle Kamera befestigt wird.

TIPP Elektrolumineszenzaufnahmen sind aufwendig. Mit ihnen kann der Wartungsdienstleister aber tief in die Module der Anlage schauen und so jeden noch so kleinen Fehler entdecken.

7.4.2.3 Fehlersuche mit dem Laser

Eine weniger aufwendige Art der Fehlersuche als mit Elektrolumineszenzaufnahmen oder Wärmebildern ist die Verwendung eines speziell entwickelten Sets zur Untersuchung von Anlagen mit einem Laser. Damit lassen sich auch ohne viel Aufwand eine komplette Dokumentation der Verschaltung der Anlage erstellen und Fehler finden.

Das Set besteht aus verschiedenen Komponenten. Den Modulplan erstellt der Wartungsdienstleister mit einem Laserprojektor, der mit dem Laserstrahl ein gepulstes Signal er-

Die Fehlersuche mit dem Laser hat mehrere Vorteile: Sie ist unabhängig von den Witterungsbedingungen und das Laserset findet die Fehler auch in großen Entfernungen von der Anlage.
(© Velka Botička)

zeugt. Dieses wandert über die Stringleitung zum Lasertektor. Er wandelt es in ein hörbares Signal um, wenn das Modul in dem String verschaltet ist, der an dem Lasertektor angeschlossen ist. Wenn kein Signal zu hören ist, ist das betreffende Modul in einem anderen String eingebunden.

Mit dem Set lassen sich auch Fehler in der Elektrik des Modulfeldes wie defekte Bypassdioden, Kabelbrüche oder Isolationsfehler finden. Diese Methode hat im Vergleich zu den anderen den Vorteil, dass sie sehr einfach zu handhaben ist, auch wenn der Handwerker etwas Übung bei der Beurteilung der einzelnen Tonsignale mitbringen muss. Doch der Winkel zu den Modulen spielt keine Rolle. Die Untersuchung ist zu jeder Tages- und Nachtzeit möglich. Die einzige Voraussetzung ist: Der Techniker muss das Modulfeld einsehen können. Um Kabelbrüche zu finden, muss er zudem an die Module herankommen. Dazu kann er Teleskopstangen oder Hebebühnen nutzen. Ist das Gebäude zu hoch, muss er eine andere Möglichkeit finden. Es ist beispielsweise auch möglich, dass er sich auf eine Arbeitsplattform stellt und die Solarfassade von dort aus abtastet. Zudem misst der Laserprojektor auch in einem Abstand von 100 m noch genau, sodass selbst größere Solarfassaden vom Boden aus vermessen werden können.

Das System hat auch Grenzen. Denn weder die potenzialinduzierte Degradation (PID) noch Zellbrüche aufgrund von Hagelschlag kann man mit dem Set finden. Das bleibt die Domäne der Rückstromthermografie und Elektrolumineszenz. Es ersetzt auch keine Kennlinienmessung.

7.5 Pflichten der Betreiber

Diese Kennlinienmessung ist auch Teil einer regelmäßigen Überprüfung und Wartung der Anlage. Dass diese notwendig ist, sollte mit eingeplant werden und auch im Entwurf des Gebäudes Eingang finden – beispielsweise, indem Wartungsgänge eingeplant werden und der Zugang zur Verkabelung und den Modulen gleich mitgedacht wird.

Denn Photovoltaikanlagen sind nicht wartungsfrei, auch wenn es keine beweglichen Teile gibt, die geschmiert oder gefettet oder nachjustiert werden müssen. Die Anlagenüberwachung und -kontrolle wird von nahezu allen Anlagenbetreibern als zwingende Notwendigkeit angesehen. Schließlich dient eine unterbrechungsfreie Stromerzeugung der Absicherung des getätigten Investments.

Deshalb sollte der Hauseigentümer die Ertragsdaten regelmäßig im Blick behalten. Abweichungen sind ein deutlicher Hinweis darauf, dass etwas mit der Solaranlage nicht stimmt. Dann kann er eine Sichtkontrolle durchführen. So fallen eventuelle Verschmutzungen auf, die ein Grund für die Ertragsminderung sein könnten. Auch der Bruch eines Modulglases oder Farbveränderungen sind leicht zu sehen.

Wenn beides nicht der Fall ist, wird es kniffliger. Dann muss der speziell geschulte Fachhandwerker einen Blick auf die Anlage werfen. Denn der Teufel steckt im Detail und die auf die Wartung von Solaranlagen spezialisierten Dienstleister haben viel Erfahrung damit, wo sich eventuelle Schwachstellen befinden. Sie kennen auch die typischen Fehler, die bei der Installation gemacht werden und haben in der Regel auch die Expertise, eventuell Wärmebilder richtig interpretieren zu können. Hier stoßen selbst versierte Hausmeister schnell an ihre Grenzen, wenn sie nicht die notwendige Ausbildung und Expertise haben.

Grundsätzlich muss dem Eigentümer eines Gebäudes mit einer Solaranlage klar sein: Der Generator auf dem Dach oder in der Fassade ist eine elektrische Anlage. Diese ist nach den Vorgaben der DIN VDE 0105-100 und der Deutschen Gesetzlichen Unfallversicherung (DGUV) regelmäßig zu überprüfen. Konkrete Intervalle sind nicht festgelegt. Sie sollen aber so bemessen sein, dass Fehler rechtzeitig festgestellt werden können. Deshalb wird vielfach auf der Basis der beiden Vorschriften eine jährliche technische Prüfung empfohlen.

Ob dieses Intervall tatsächlich notwendig ist, muss der Hauseigentümer in einer Gefährdungsbeurteilung festlegen. Doch sollte er dies nicht auf die leichte Schulter nehmen. Zudem ist in der DIN VDE 0126-23-1 festgeschrieben, dass eine Solarstromanlage mindestens alle vier Jahre komplett elektrisch geprüft werden muss und zwar so detailliert wie bei der Inbetriebnahme und unabhängig von zusätzlichen turnusmäßigen Inspektionen. Die dafür notwendigen Messungen sind in der DIN VDE 0100-600 geregelt.

Es hat sich bewährt, regelmäßig – am besten zwei Mal pro Jahr – alle Kabel und Steckverbindungen auf Schmorstellen oder Kabelfraß oder im Falle von Aufdachanlagen Bissspuren von Tieren hin zu überpüfen. Zudem sollte dann der FI-Schutzschalter auf seine Funktionstüchtigkeit hin getestet werden. Dazu wird er probehalber ausgelöst.

Weitere Kontrollen bieten sich nach dem Winter oder nach Stürmen und Hagelereignissen an. Das kann zunächst auf eine Sichtkontrolle beschränkt werden, die der Hauseigentümer oder ein von ihm beauftragter Haustechniker übernimmt. Er schaut sich dabei an, ob die Wetterunbilden sichtbare Schäden am Generator hinterlassen haben. Erst wenn es hier Auffälligkeiten gibt, müsste ein Fachhandwerker Hand anlegen. Nach Gewittern ist die Überspannungsschutzanlage zu kontrollieren, ob sie weiterhin funktionstüchtig ist und korrekt auslöst.

TIPP Die gesamte Solarfassade und das Solardach sollten einmal jährlich gründlich überprüft werden. Zudem ist alle vier Jahre eine grundlegende elektrische Vermessung des Generators vorgeschrieben. Eine Sichtprüfung sollte mehrmals im Jahr erfolgen, aber mindestens im Frühjahr, nach Sturm- und Hagelereignissen. Nach Gewittern ist zu prüfen, ob der Überspannungsschutz noch funktioniert.

Mit bloßem Auge zu erkennen: Dieses Modul wurde durch ein Hagelkorn zerstört.
(© Velka Botička)

Die regelmäßige Inspektion der Anlage gehört zu den Pflichten des Betreibers. Sie ist notwendig, um solche Fehler wie diese korrodierte Lötverbindung zu erkennen.
(© Velka Botička)

7.5.1 Technische Prüfungen

Das Herzstück einer regelmäßigen Wartung ist die technische Prüfung des Generators und seiner Komponenten inklusive des Montagesystems und der Leistungselektronik. Auch eine möglicherweise integrierte Speicherbatterie bedarf einer regelmäßigen Inspektion durch den Fachhandwerker.

Besonderer Aufmerksamkeit bedürfen die elektrischen Komponenten der Anlage. Dafür ist eine gute Dokumentation der gesamten Anlage hilfreich. Denn nur so kann der Handwerker die fehlerhafte Stelle in der Anlage schnell finden. Andernfalls muss er zunächst einen Plan anlegen, wie die Module untereinander verschaltet sind und wo die Kabel liegen.

Bei der technischen Prüfung muss der Handwerker sowohl die Gleichstromseite, also das Modulfeld, dessen Verkabelung und die Zuleitung zum Wechselrichter als auch die Wechselstromseite überprüfen. Dazu gehört auch der Schutz gegen Überspannungen und elektrischen Schlag und die Kontrolle, ob alles ordnungsgemäß beschriftet ist. Dabei muss er verschiedene Messungen und Funktions- und Betriebsprüfungen durchführen.

Dazu kommt noch eine mechanische Prüfung. Hier muss sich der Handwerker vor allem das Montagesystem anschauen. Dabei geht es darum festzustellen, ob thermische Bewegungen oder Witterungseinflüsse Schäden sowohl an der Anlage als auch an der Gebäudehülle verursacht haben und ob noch alle Module fest in den Klemmen sitzen. Auch hierbei kann der Planer des Gebäudes schon darauf achten, dass diese Komponenten für den prüfenden Handwerker möglichst einfach einzusehen sind. Das ist in vielen Fällen nicht ohne Weiteres möglich. Der Planer sollte es aber nicht zusätzlich erschweren. Zudem sollte er bei der Auswahl des Montagesystems auf Gestelle zurückgreifen, die die Dachhaut nicht beschädigen.

Am Ende muss der Handwerker ein Prüfprotokoll anfertigen, wie es in den einschlägigen Normen vorgegeben ist:

- DIN EN 62446-1 VDE 0126-23-1
- DIN VDE 0105-100 und
- DGUV Vorschrift 3.

Dort sind folgende Wartungsschritte vorgegeben:

- Sichtprüfung auf Beschädigungen oder Mängel (Verschmutzung, Verschattung, sichtbare Schäden, Veränderung der Moduloberseite, Schäden an Modulrahmen, Befestigung Stringleitungen, Steckverbindungen, Befestigung Module, Unterkonstruktion, Wechselrichter, Generatoranschlusskästen),
- Bestandsaufnahme einschließlich skizziertem Grundriss mit Installations- oder Übersichtsschaltplan (falls für eine bessere Übersicht erforderlich),
- Messung des Isolationswiderstandes der Anlage, des Ableitstromes des Betriebsmittels,

Bei der Durchsicht werden alle Beschriftungen der Leitungen kontrolliert. Sind sie schon von vornherein vorhanden, ist die Durchsicht des Generators auf der DC-Seite einfacher. Das sollte ein Punkt bei der Inbetriebnahme des Generators sein.
(© Velka Botička)

Gut gekennzeichnete Leitungen lassen sich einfacher zur Hauptverteilung zurückverfolgen. Damit geht die Suche bei einem eventuellen Fehler schneller. Denn der Handwerker weiß genau, auf welcher Leitung er sich jeweils befindet.
(© Velka Botička)

Vorbildlich gelöst: Das Montagesystem ruht auf einer dicken Bautenschutzmatte. Die spezielle Form sorgt dafür, dass das gesamte System „schwimmend" auf den Matten steht. Dadurch kann sie thermische Bewegungen ausgleichen und verhindert, dass die Unterkonstruktion auf der Dachhaut scheuert.
(© Velka Botička)

Zur technischen Prüfung gehört die Inspektion sowohl des Modulfeldes als auch der Anschlüsse am Wechselrichter. Auch der Netzanschluss muss regelmäßig geprüft werden.
(© Velka Botička)

Ein Problem, das vor allem Aufdachanlagen betrifft: Der Schutz vor Tieren, die es sich unter den Modulen gemütlich machen oder sogar an den Kabeln fressen. Hier ein Schutz der Solaranlage vor Tauben, die sich sonst unter den Modulen einnisten können. BirdBlocker – mit zwei Nadellängen (12,5 cm und 20 cm) für unterschiedliche Distanzen zwischen Modul und Dachoberfläche.
(© RoofTech GmbH, 71120 Weil der Stadt, www.rooftech.de)

Auch Speicherbatterien brauchen regelmäßige Wartung und Durchsicht. Deshalb sollten sie so untergebracht werden, dass die Handwerker sie jederzeit erreichen können.
(© Velka Botička)

- Prüfung und Messung der Wirksamkeit der Schutzmaßnahmen einschließlich der Fehlerstrom-Schutzeinrichtungen,
- Prüfung der Funktion,
- Ausfertigung des Prüfprotokolls und Mängelberichts. Bei Behinderung in den Prüfungsmaßnahmen, zum Beispiel durch Einbauteile oder sonstige Gegenstände, sind diese im Prüfprotokoll und im Mängelbericht entsprechend zu vermerken.

Eine Instandhaltung umfasst – ergänzend zu den Normenvorgaben:

- die Prüfung der Wechselstromverteilung,
- die Instandhaltung und Inspektion nach Herstellervorgaben wie die Reinigung der Wechselrichter, Austausch der Luftfilter in den Wechselrichtern, Reinigung der Anlagen und Module,
- eine Stringmessung,
- die Fotodokumentation von Auffälligkeiten.

Das Protokoll der Inspektion sollte folgende Punkte beinhalten:

- die allgemeinen Daten zur Anlage,
- die konkreten Ergebnisse der elektrischen Messungen,
- die festgestellten Mängel,
- Empfehlungen, wann die Mängel abgestellt werden müssen,

- das Datum der Inspektion,
- den Namen des Prüfers,
- die Wetterverhältnisse zum Zeitpunkt der Inspektion.

Letzteres ist notwendig, um die Messergebnisse später noch einordnen zu können. Denn das Aussehen einer Kennlinie verändert sich mit der Sonneneinstrahlung und der Temperatur. Deshalb ist es wichtig, die Ergebnisse der Inspektion nicht nur zu dokumentieren, sondern diese auch zu bewerten. Ein entscheidender Punkt sind die Auflistung, genaue Beschreibung und fotografische Dokumentation aller festgestellten Mängel sowie eine Empfehlung, wann diese abzustellen sind. Das hängt davon ab, ob der Mangel sicherheitsrelevant – nicht nur im Sinne der elektrischen Sicherheit, sondern auch der Brandsicherheit – ist oder ob er nur zu Ertragsausfällen führt. Für den Hauseigentümer ist sicherlich dann auch relevant, in welchem Maße der Mangel die Erträge mindert.

TIPP Die Dokumentation einer regelmäßigen Wartung ist extrem wichtig. Denn nur so kann der Hauseigentümer im Falle eines Schadens an oder durch die Anlage versicherungsrechtliche Ansprüche geltend machen und sich gegen eventuelle strafrechtliche Konsequenzen absichern, sollte die Anlage einen Personenschaden verursachen.

7.5.2 Reparaturen

Bei festgestellten Mängeln ist eine Reparatur notwendig. Deshalb sollte im Gebäudeentwurf und in der Fachplanung schon mit bedacht werden, wie Komponenten im Falle eines Defekts ausgewechselt werden können. Aber auch die Ersatzteilbeschaffung ist manchmal nicht so einfach. Vor allem wenn auf Kundenwunsch angefertigte Module verbaut wurden, ist es oft schwierig, Ersatz zu beschaffen. Deshalb sollte der Planer in solchen Fällen am besten absichern, dass die technischen Spezifikationen der Module in der Anlagendokumentation vermerkt sind. Nur so kann der Hauseigentümer ein Modul in der gewünschten Größe und Farbgebung wieder beschaffen oder im Extremfall von einem darauf spezialisierten Unternehmen nachbauen lassen.

Das ist im Falle der Verwendung von Standardmodulen sicherlich weniger ein Problem. Allerdings kann es hier auch schwierig sein, nach 15 Jahren ein passendes Modul zu finden. Inzwischen existiert aber auch ein Zweitmarkt für Module, wo neue und gebrauchte Paneele mit der entsprechenden Spezifikation zu haben sind. Im Extremfall wäre hier auch ein Nachbau möglich, der aber kostenintensiv sein kann. Zudem ergeben sich in der Regel im Laufe der Jahre bei Standardmodulen leichte Farbveränderungen. Ob es deshalb ratsam ist, gleich mehr Module zu kaufen als notwendig und die überschüssigen als Ersatzmodule einzulagern, muss der Bauherr für sich selbst entscheiden.

Auch Wechselrichter können repariert werden. In der Regel werden dann vom Hersteller Handwerker zertifiziert, die den Kundendienst übernehmen. Sie tauschen im Falle eines Defekts ganze Leistungsteile aus. Wenn der Hersteller das nicht zulässt, kann auch eine Reparatur von einer zertifizierten Fachfirma übernommen werden. Dazu muss der Hauseigentümer das Gerät vom Handwerker abbauen und einschicken lassen. Dort wird es repariert und wieder zurückgeschickt. Der Handwerker kann es wieder montieren und die Strings anschließen.

Einige Unternehmen haben sich auf die Reparatur von Modulen spezialisiert.
(© Velka Botička)

Passende Ersatzmodule finden die Anlagenbetreiber auf einem Zweitmarkt. Hier gibt es vor allem Restbestände ausgelaufener Serien von Herstellern und Großhändlern. Allerdings handelt es sich hier vor allem um Standardmodule aus der Serienfertigung. Über die Betreiber der Zweitmärkte können Nachbauten von Spezialmodulen in Auftrag gegeben werden.
(© Velka Botička)

TIPP Der Tausch gegen ein Neugerät ist in der Regel der einfachste Weg, auch wenn die Wechselrichterreparaturen inzwischen bezahlbar sind. Beim Tausch stellt sich die Frage, ob ein Neugerät mit der innerhalb der Anlage eingerichteten Datenkommunikation zurechtkommt. Auch hier können sich Standards ändern. Das muss vorher geprüft werden.

7.5.3 Wartungsvertrag

Da der regelmäßige Blick auf die Solaranlage nicht nur ein Garant für die ertragreiche Stromernte ist, sondern auch eine Frage der Sicherheit, sollte der Umfang der Wartung, Instandhaltung und Reparatur vertraglich festgehalten werden. Der Abschluss eines solchen Wartungsvertrags bietet sich schon im Rahmen der Inbetriebnahme der Anlage an. Zudem erfüllt der Hauseigentümer mit dem Wartungsvertrag einen Teil seiner Pflichten als Betreiber einer stromerzeugenden Anlage.

Im Vertrag muss unbedingt exakt geregelt werden, welche Arbeiten wann und wie oft der Fachhandwerker als Vertragspartner erledigen muss und welche Pflichten er dabei hat. Zu diesen Pflichten sollten eine genaue Dokumentation der Prüfungen und der gefundenen Fehler sowie eine Empfehlung für eventuell anfallende Reparaturen gehören. Die eigentliche Reparatur wird in einem separaten Instandhaltungsvertrag vereinbart. Reparaturen können auch als Einzelaufträge vergeben werden.

Im Vertrag sind auch die Vergütungen zu regeln, die der Fachhandwerker für seine Arbeit erhält. Diese Vergütung sollte in den Betriebskosten des Gebäudes von Anfang an mit eingeplant werden. Es hat sich eine Rückstellung von 15 Euro pro Kilowatt installierter Leistung für die Wartung vor Ort, das Monitoring und eventuelle Reparaturen bewährt. Das hängt aber von der Bauart der Anlage, deren Standort und der Zugänglichkeit der einzelnen Komponenten ab. Hier entscheidet der Planer mittelbar mit, wie viel die spätere Wartung der Solarfassade oder des Solardaches kostet. Die Höhe der Rückstellung hängt auch vom vertraglich vereinbarten Umfang der Wartung und Instandhaltung ab.

In der Regel werden diese Wartungsverträge als Werkvertrag ausgeführt. Diese sind im Bürgerlichen Gesetzbuch in den §§ 631 bis 650 geregelt. Wichtig für den Handwerker, der die Wartung übernimmt ist, dass er die Pläne und eine genaue Dokumentation der Anlage als Grundlage für seine Arbeit bekommt. Dazu gehören neben dem Plan der Verschaltung des Modulfeldes auch die Schaltpläne der Hausinstallation und für die Zählerschränke. Sollte er die Wartung erst später übernehmen, muss er über frühere Schäden und Änderungen an der Anlage genau informiert werden. Deshalb muss unbedingt jede Wartung, Reparatur und Änderung präzise dokumentiert werden.

TIPP Wie, wann und wie oft eine Wartung durchzuführen ist, sollte in einem Vertrag möglichst detailliert festgehalten werden. Nur so kommt es zu keinen Missverständnissen und der Handwerker weiß genau, was er zu tun hat.

7.5.4 Versicherungen

Gut installierte und gewartete Anlagen laufen über viele Jahre hinweg fehlerfrei. Doch im Falle eines Defekts kann eine gute Versicherung den damit verbundenen Ärger vermindern und vor allem Haftungs- und Risikolücken schließen. Dabei unterscheidet man zwischen Versicherungen gegen Schäden, die die Solaranlage verursacht und Schäden an der Anlage.

Die Versicherung gegen Schäden, die die Anlage verursacht, ist Pflicht. Hier geht es unter anderem um die Absicherung gegen Personenschäden, wenn ein Modul vom Gebäude stürzen sollte – etwa wenn es durch einen starken Sturm abgerissen wurde. Für Glasfassaden sind die Standards für die Verwendung von Bauteilen und deren Installation hoch, um diese Fälle zu vermeiden. Doch auf dem Dach gelten andere Regel. Deshalb sollte die Solaranlage unbedingt in die Gebäudehaftpflichtversicherung einbezogen werden.

Zusätzlich hat sich die Absicherung gegen Schäden an der Anlage als sinnvoll erwiesen. So sollte sich der Hauseigentümer vor allem gegen das Restrisiko bei Hagelschäden, Ertragsausfällen oder Bränden absichern. Auch Diebe, Stürme, Tiere, Blitze, Schnee, Eis oder Überschwemmungen richten immer mal wieder Schäden an Anlagen an. Deshalb sollte der Hauseigentümer diese Risiken vor Ort prüfen und absichern.

TIPP Es sollte ein versierter und spezialisierter Versicherungskaufmann zu Rate gezogen werden. Letztlich sind auch Versicherungen nur Produkte, deren Spielregeln für die garantierten Leistungen im Kleingedruckten stehen. Die sogenannte Allgefahrenversicherung für Solaranlagen schützt bei Weitem nicht gegen alle Risiken – nachzulesen in der konkreten Police.

7.6 Meldepflichten

Mit der Inbetriebnahme des Generators beginnen die Meldepflichten für den Hauseigentümer als Betreiber einer stromproduzierenden Anlage. Dabei ist es unerheblich, ob der Strom vor Ort verbraucht oder ins Netz eingespeist wird. Diese Pflichten fallen nur weg, wenn die Anlage nicht am Netz angeschlossen ist. Die komplette Autarkie ist aber in der Regel weniger das Ziel einer solaren Architektur.
Deshalb ist davon auszugehen, dass die Gebäude mit Solarfassade oder Solardächern in der Regel über einen Anschluss zum Stromnetz verfügen. Dann müssen alle Anlagen in das Marktstammdatenregister der Bundesnetzagentur eingetragen werden. Der Gesetzgeber macht hier keinen Unterschied zwischen einer einfachen Dachanlage auf dem Einfamilienhaus, der hochwertigen und ästhetisch anspruchsvollen Solarfassade und einem Solarpark auf der grünen Wiese. Das ist relativ einfach und geht online unter der Adresse www.marktstammdatenregister.de/MaStR
Doch die Meldepflichten gehen im laufenden Betrieb weiter. So muss der Hauseigentümer, so er der Anlagenbetreiber ist, bis zum 28. Februar eines jeden Jahres dem zuständigen Netzbetreiber alle Daten des vorangegangenen Jahres mitteilen, die für eine jährliche Endabrechnung notwendig sind. Sollte dafür der Übertragungsnetzbetreiber zuständig sein, verlängert sich die Meldefrist bis zum 31. Mai eines jeden Jahres. Dabei geht es vor allem um die Menge des produzierten Stroms, die für die Endabrechnung einer eventuellen Einspeisevergütung notwendig ist. Aber auch die vor Ort verbrauchten Strommengen müssen mitgeteilt werden. Auf deren Basis berechnen die Netzbetreiber die Höhe der anteiligen EEG-Umlage, die für den Eigenverbrauch zu zahlen ist. Diese Daten müssen die Anlagenbetreiber auch auf Verlangen der Bundesnetzagentur mitteilen.
Die Solarfassade und das Solardach müssen auch beim Netzbetreiber angemeldet werden. Ihm sind sämtliche technischen und wirtschaftlichen Veränderungen mitzuteilen. So muss der Netzbetreiber wissen, wenn sich beispielsweise die Leistung der Anlage aufgrund des Austauschs von Modulen ändert oder die Anlage von der Volleinspeisung auf Eigenverbrauch oder umgekehrt umgestellt wird. Dem Netzbetreiber muss auch mitgeteilt werden, wenn der Anlagenbetreiber von einer Umlage auf den Eigenverbrauch teilweise oder ganz befreit ist und sich dahingehend Änderungen ergeben.
Diese Meldepflichten sind im Erneuerbare-Energien-Gesetz (EEG) geregelt und unterliegen eventuellen Veränderungen. Deshalb sollten sich Eigentümer von Gebäuden mit

Photovoltaikanlagen bezüglich der aktuellen Regelungen der Meldepflichten auf dem Laufenden halten. Vor allem vor dem Hintergrund der europäischen Regelungen in der Erneuerbaren-Richtlinie der EU (Richtlinie [EU] 2018/2001 zur Förderung der Nutzung von Energie aus erneuerbaren Quellen) können sich Änderungen ergeben. Denn diese Richtlinie gibt den Mitgliedsstaaten der EU vor, die Nutzung von Solarstrom am Ort der Erzeugung zu vereinfachen und nicht mit finanziellen oder bürokratischen Hürden zu behindern.

TIPP Die Meldepflichten sollten unbedingt eingehalten werden. Andernfalls drohen teilweise drastische Strafen.

Anhang

DIN-Normen speziell für solare Architektur

DIN 4102-1:1998-05 Brandverhalten von Baustoffen und Bauteilen – Teil 1: Baustoffe; Begriffe, Anforderungen und Prüfungen

DIN 18008-1:2010-12 Glas im Bauwesen – Bemessungs- und Konstruktionsregeln – Teil 1: Begriffe und allgemeine Grundlagen

DIN 18008-2:2010-12 Glas im Bauwesen – Bemessungs- und Konstruktionsregeln – Teil 2: Linienförmig gelagerte Verglasungen

DIN 18008-3:2013-07 Glas im Bauwesen – Bemessungs- und Konstruktionsregeln – Teil 3: Punktförmig gelagerte Verglasungen

DIN 18008-4:2013-07 Glas im Bauwesen – Bemessungs- und Konstruktionsregeln – Teil 4: Zusatzanforderungen an absturzsichernde Verglasungen

DIN 18008-5:2013-07 Glas im Bauwesen – Bemessungs- und Konstruktionsregeln – Teil 5: Zusatzanforderungen an begehbare Verglasungen

DIN EN 1279-5:2018-10 Glas im Bauwesen – Mehrscheiben-Isolierglas – Teil 5: Produktnorm

DIN EN 13501-1:2010-01 Klassifizierung von Bauprodukten und Bauarten zu ihrem Brandverhalten – Teil 1: Klassifizierung mit den Ergebnissen aus den Prüfungen zum Brandverhalten von Bauprodukten

DIN EN 14449:2005-07 Glas im Bauwesen – Verbundglas und Verbund-Sicherheitsglas, Konformitätsbewertung und Produktnorm

DIN EN IEC 61730-1:2018-10 Photovoltaikmodule – Sicherheitsqualifikation – Teil 1: Anforderungen an den Aufbau

DIN EN IEC 61730-2:2018-10 Photovoltaikmodule – Sicherheitsqualifikation – Teil 2: Anforderungen an die Prüfung

Weiterführende Literatur

Schwarzburger, Heiko: Energie im Wohngebäude – Strom · Wärme · E-Mobilität, 2. Auflage, VDE Verlag Berlin 2017, ISBN 978-3-8007-4325-4

Schwarzburger, Heiko: Energie im Wohngebäude – Strom · Wärme · E-Mobilität (E-Book), 2. Auflage, VDE Verlag Berlin 2017, ISBN 978-3-8007-4326-1

Schwarzburger, Heiko; Ullrich, Sven: Störungsfreier Betrieb von PV-Anlagen und Speichersystemen – Monitoring · Optimierung · Fehlererkennung, VDE Verlag Berlin, 2017, ISBN 978-3-8007-4126-7

Schwarzburger, Heiko; Ullrich, Sven: Störungsfreier Betrieb von PV-Anlagen und Speichersystemen – Monitoring · Optimierung · Fehlererkennung (E-Book), VDE Verlag Berlin, 2017, ISBN 978-3-8007-4127-4

May, Friedrich; Ullrich, Sven; Steiger, Karolina: Gemeinsam bauen. Baugruppen – Baugemeinschaften – Wege und Erfahrungen. VDE Verlag Berlin, 2017, ISBN 978-3-8007-3609-6

May, Friedrich; Ullrich, Sven; Steiger, Karolina: Gemeinsam bauen. Baugruppen – Baugemeinschaften – Wege und Erfahrungen (E-Book). VDE Verlag Berlin, 2017, ISBN 978-3-8007-4012-3

Nützliche Weblinks

Solar Age – Aktuelle Datenbank für solare Architektur, Cortex Unit Verlag, Berlin
www.solarage.eu

Fachmedium photovoltaik im Gentner Verlag, Stuttgart
www.photovoltaik.eu

Beratungsstelle für bauwerkintegrierte Photovoltaik am Helmholtz-Zentrum Berlin
www.helmholtz-berlin.de/projects/baip/

Allianz für BIPV von Herstellern und Forschungsinstituten (Deutschland)
https://allianz-bipv.org

Schweizer Kompetenzzentrum für BIPV
www.bipv.ch

Solare Gebäude beim Europäischen Solarverband Solar Power Europe
www.solarpowereurope.org/priorities/solar-buildings/

Stichwortverzeichnis

SIND SIE BEREIT FÜR **SOLAR AGE**?

Firmen
Produkte
Dienstleistungen

Gebäudehülle sinnvoll & ästhetisch nutzen

Kohlesilo, Basel
baubüro in situ
Ziel ist es, Wohnkomplexe, Stadtviertel und Industriegebiete auszustatten, ohne die Umwelt und die Ästhetik des Standorts zu beeinträchtigen.

Campus Aqua, Büsserach
Hier wird eine lebendige Fassade geschaffen, dank der unterschiedlichen Farbe je nach Lichtverhältnissen.

143 Elegante-Module auf der Herrenhausruine des denkmalgeschützen Wasserschlosses Wülmersen produzieren jährlich rund 25.000 kwh/a Strom. Durch die großflächige Verwendung von Elegante entstehen in der Halle einzigartige Lichteffekte.

Solaraktives Bauen lohnt sich

Noch immer dominieren nachträglich installierte Photovoltaikmodule auf Schräg- und Flachdächern die PV-Industrie. Die BIPV Produkte der aleo solar GmbH bieten dazu eine attraktive Alternative.

Photovoltaikmodule ersetzen konventionelle Dach- oder Fassaden elemente und übernehmen deren Funktion als Sonnen- oder Witterungsschutz.
Zudem ergeben sich durch die Doppelnutzung als Baumaterial und Energieerzeuger spannende Synergieeffekte in Bezug auf die Materialeffizienz.

Hierdurch entstehendes Potential hat die aleo früh erkannt. Mit 20 Jahren Fertigungserfahrung ist die Firma ein Pionier am Deutschen Photovoltaikmarkt und hat die Branche schon oft maßgeblich mitgeprägt. So auch im Jahr 2009, als aleo und die Firma Schweizer das Modul Solrif eingeführt haben, welches Dachziegel ersetzt.

Weiterhin bietet die aleo solare Glas-Elemente, die in die Gebäudehülle integriert werden können.

Solrif® – das Dach der Zukunft.

Das patentierte Solar-Dach ersetzt klassische Ziegel.

Die Module werden in einer frühen Bauphase auf dem Dachstuhl in der gleichen Ebene und Art wie Dachziegel verlegt. Das komplementiert die Architektur und macht das Haus zum Selbstversorger-Eigenheim. Solrif ist so regendicht wie die Wetterhaut, die ein herkömmliches Ziegeldach bildet und sogar hagelbeständiger als die meisten Dachziegel.

Solrif wird vorzugsweise im Neubau und bei der Dachsanierung eingesetzt. Bei Neubauten wird der Dachaufbau wie für ein Ziegeldach vorbereitet, dann wird Solrif verschränkt und überlappend verlegt. Der Bauherr spart die Kosten für die Dacheindeckung. Bei einer Dachsanierung dagegen wird das Material der Dachhaut und deren Verlegung gespart. Eine dachintegrierte PV-Anlage muss somit nicht teurer als eine herkömmliche PV-Anlage sein.

Solrif ist in zwei miteinander verschaltbaren Größen erhältlich. Damit lässt sich eigentlich immer eine optimale Dachauslegung finden. Zwischenbereiche oder Hindernisse können mit zuschneidbaren Blindmodulen aufgefüllt werden, um eine homogene Dacheindeckung zu gewährleisten.

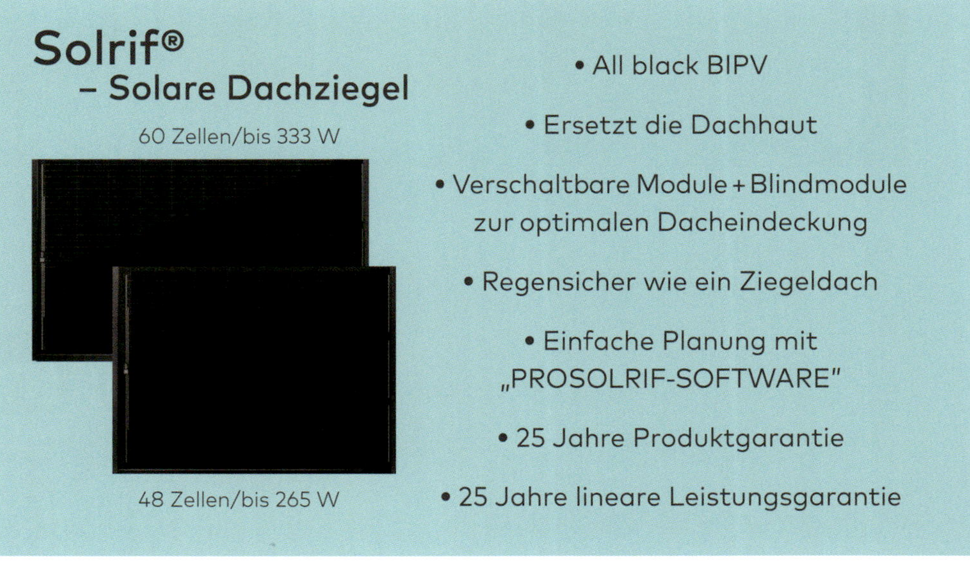

Carports schützen vor Wind und Wetter. Die Realisierung ist sowohl mit Elegante (s.o.) als auch mit Solrif-Modulen möglich.

Die Fassade dieses Autohauses ist mit 97 200W Elegante-Modulen eingedeckt und prodziert 19,4k Wp Strom.

aleo

aleo solar GmbH
Marius-Eriksen-Str. 1
17291 Prenzlau

T +49 3984 8328 - 0
info@aleo-solar.de
www.aleo-solar.de

Elegante – Solares Verbundsicherheitsglas für Carports, Terrassenüberdachung & Fassade

Mit dem Glas-Glas Modul Elegante ist PV nicht mehr auf den Aufdachbereich beschränkt sondern integraler und energiegewinnender Bestandteil der Architektur.

Das rahmenlose Photovoltaik-Glas hat eine Transparenz von etwa 28%. Dadurch wird eine angenehme Verschattung realisiert. Die Module bieten Spielraum mit Licht- und Sonnenschutz.

Für die nötige Robustheit sorgen zwei Gläser mit 4 mm Stärke auf Vorder- und Rückseite. Dank des verwendeten Sicherheitsglases sind die Module durch das DIBt sowohl zur Überkopfmontage als auch zur Vertikalverglasung zugelassen.

Im Gegensatz zu anderen Lösungen, sind die Anschlussdosen unauffällig an der Modulkante befestigt. Kabel und Anschlussdosen werden von dem Montagesystem verdeckt. Das gesamte PV-System wirkt dadurch homogen und von beiden Seiten sehr ästhetisch.

Isolante - Isolierglas

40 Zellen/200 W

- U-Wert (1,1 W/(m²K))
- Zweifachverglasung (3-Fachverglasung möglich)
- Frontscheibe Elegante-Modul
- Rückscheibe 8mm VSG
- Glas mit gesäumten Kanten
- Glaszwischenraum 16mm
- Füllung mit wärmedämmendem Argongas
- Transparenz ~28%
- seitliche Anschlussdosen
- 30 Jahre Produktgarantie
- 30 Jahre Leistungsgarantie

Isolante – Energiegewinnung in der Fassade

Isolante ist eine Isolier- und Wärmeschutzverglasung mit hervorragendem U-Wert (1,1 W/(m²K)). Durch die Einbettung von Solarzellen in das Isolierglas können konventionelle Fassaden- oder Überkopfverglasungen lohnend Energie produzieren.

Die Frontseite von Isolante ist genauso aufgebaut wie bei Elegante und bietet dieselben Vorteile. Für die Rückseite wurde ein besonders stabiles VS Glas mit 8mm verwendet. Zwischen der Front- und Rückseite ist eine Füllung aus wärmedämmen dem Argon-Gas eingebettet, die Isolante zum optimalen Wärmeschutzmodul macht.

Elegante -Verbundsicherheitsglas

40 Zellen/200 W

- 9mm Verbundsicherheitsglas
- DIBt Zertifizierung
- Bauprodukt nach Richtlinie DIN 18008
- Transparenz ~28%
- 2 seitliche Anschlussdosen
- 30 Jahre Produktgarantie
- 30 Jahre Leistungsgarantie

„Power to Heat“ - als Schlagwort immer wieder zu hören, „mit Strom heizen ist viel zu schade“ - das auch.

Wenn man ideologische Grundsätze über Bord wirft und nüchtern die Vorteile betrachtet, kommt man zu einem sehr guten Konsens.

Mit dem Strom aus PV Anlagen kann man alle seine Verbraucher und Speicher betreiben und füllen. Zu Spitzenzeiten steht so viel Überschussstrom zur Verfügung, dass man als letztes in der Versorgungskette den Heizstab bedient.

Was hat dies für Vorteile?
Mit diesem Heizstab kann Sicherheit im Bereich **Wasserhygiene** erreicht werden. Wärmepumpen, die immer größere Beliebtheit als Heizung genießen, haben einen guten Wirkungsgrad, brauchen einen langen Laufzeitzyklus, um so eine langjährige Kompressor-Lebensdauer zu haben. Leider ist die maximale Temperaturhöhe limitiert und einen Legionellenschutz mit 65°C nicht zu erreichen. Hier kommt der Heizeinsatz zum Tragen, um die notwendige Temperaturdifferenz zu überbrücken. Darüber hinaus kann der Heizstab das Temperaturniveau bis auf 85°C bringen und so noch mehr Überschussstrom speichern.

Der Schweizer Spezialist für Heizeinsätze, Gehäusethermostate und Energiemanager hat seinen **ASKO***HEAT+* Heizstab mit **weiteren Funktionen** ausgestattet, um die **individuellen länderspezifischen Anforderungen** bezüglich Energievorschriften zu erfüllen.
Mit dem **ASKO***HEAT+* Einschraub- oder Flansch-Heizkörper kann neben dem Speichern von PV Überschussstrom auch Legionellen-Schutz mit 4 Zeitprogrammen erfolgen. Die **spezifischen Landesanforderungen bezüglich Legionellen-Schutz,** sowie die jeweiligen Zeitfenster für günstigen **Strom in Niedertarifzeiten,** können vom Anwender ausgewählt und individuell hinterlegt werden. Die Einstellung kann der Anwender über sein Smartphone, Tablet oder PC in seinem Hausnetzwerk vornehmen. Dies funktioniert auch, wenn sich der Kunde erst später für einen Energiemanager entscheidet.

ASKO*FAMILY+* **steuert sämtliche Energieflüsse**
Überschüsse aus der PV Anlage können gezielt an Wärmepumpen, Batteriespeicher, E-Ladestationen, mehrere **ASKO***HEAT+* und bis zu 99 vernetzten Geräten priorisiert, gesteuert und visualisiert werden, dies inkl. Legionellen-Schutzprogramm und Energie-Ertragsprognose. Infos zu **ASKO***FAMILY+* unter www.askoma.com

Bisher sind folgende Geräte in der ASKOMA Energiemanagerserie **ASKO***FAMILY+* integriert:

Wärmepumpen:
- Jede SG Ready Wärmepumpe
- PV Ready mit Shelly 1
- Alpha Innotec
- Heliotherm
- STIEBEL ELTRON
- S&W Futura HSW
- Roth Werke
- Novelan

Wechselrichter:
- ABB Trio mit VSN3000
- Fronius Symo
- SolarEdge SE
- SMA
- Kostal
- KACO Tx1 und Tx3
- Delta
- SolarMax
- Produktionsmessung über EM300
- Produktionsmessung über smart-me Meter
- RCT Battery Inverter
- Huawei SUN2000

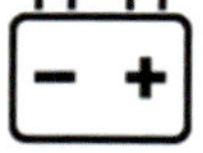

Batterien:
- BYD B-BOX H mit Kostal
- BYD B BOX H mit Victron
- sonnenBatterie
- Fronius mit BYD
- VARTA Storage
- GREENROCK Salzwasserbatterien
- E3 / DC
- Tesla Powerwall 2
- SOLARWATT MyReserve
- Solaredge StorEdge
- Innovenergy
- Powerball Systemspeicher
- SMA Sunny Island
- RCT Power Storage

Autoladestation:
- KEBA Wallbox
- go-eCharger
- ABB EVLunic
- JUICE CHARGER 2
- Etrel Inch Home
- easee Home
- Alfen EVE Single / Duo

Smart Meter:
- Fronius
- SolarEdge
- Smart-me Cloud
- B-Control EM3000
- GUDE Expert
- EmonCms
- Carlo Gavazzi
- my-PV
- Clemap ONE
- Kostal
- Shelly 1, Shelly 1PM, Shelly 2.5, Shelly EM, Shelly 3EM, Shelly 4Pro
- Socomec Countis
- Huawei SUN2000

Smart Plug / Schalter:
- smart-me Relais
- smart-me plug (z. B. für Fahrrad)
- Relaisbox GUDE 2302
- myStrom
- Shelly 1, Shelly 1PM, Shelly 2.5, Shelly 4Pro

Wenn der Nutzer die Energiemanagerserie **ASKO**_FAMILY+_ mit ihren vielen Möglichkeiten verwendet oder einen anderen Energiemanager auf Modbus-TCP / -RTU oder 0-10V Basis einsetzt, ist der **ASKO**_HEAT+_ der richtige Heizeinsatz.

Der ASKO_HEAT+_ hat viele weitere Funktionen integriert, die bei Heizstäben absolut untypisch sind.

- Der **Heizeinsatz hat ein Webinterface**. Mit den üblichen Webbrowsern können viele Einstellungen vorgenommen und den aktuellen Status abgefragt werden
- Der elektrische Anschluss des Gerätes erfolgt über mitgelieferte Stecker. Dank dieser Stecker kann das Gerät für Servicearbeiten einfach und vollständig vom Strom- und Datennetz getrennt werden
- Der **ASKO**_HEAT+_ unterteilt seine Gesamtleistung in 7 linearen Stufen
- Die **7 Leistungsstufen** können über Modbus-TCP oder -RTU wie auch über 0-10V / JSON gesteuert werden (bei 0-10V sind die Stufen und die Spannung frei konfigurierbar)
- 4 dynamische **Legionellenschutz-Zeitprogramme** sind integriert, 1x am Tag, 1x die Woche, 1x alle 2 Wochen, 1x im Monat. Die Zeitmessung startet immer nach der letzten Hochtemperaturphase, somit ist die maximale PV Stromausnutzung gewährleistet und Bezug von Netzstrom vermindert.
- **Taster für Notheizung am Gerät** = Heizstab schaltet auf 100% Leistung für 24 Stunden; danach kehrt das Heizelement zum Standard zurück. Die Leistung kann über das Webinterface geändert werden
- Potenzialfreier Eingang für die Funktion als **Notheizung für Wärmepumpen**. Schaltet 100% der Leistung, diese kann über das Webinterface geändert werden
- Bis zu 4x PT1000 Fühler auslesbar um ein **Schichtungstemperaturverhalten im Speicher** anzuzeigen
- **Nachtstromnutzung** = Trinkwasser kann im Boiler mit Nachtstrom auf die gewünschte, frei einstellbare Temperatur gehalten werden
- **Minimaltemperatur** = Es kann eine Minimaltemperatur definiert werden, welche nie unterschritten wird (bei dieser Funktion wird auch Tagesstrom genutzt)
- In jedes **Energiemanagersystem integrierbar** über Modbus- TCP / -RTU oder 0-10V
- Ein Bestandteil der **ASKO**_FAMILY+_, dem Energiemanager der ASKOMA mit dem **ASKO**_SET+_ und der App **ASKO**_HOME+_
- In **isolierter Bauweise** mit Dipswitch für alle Speichermaterialien und für Heizungs- wie auch Trinkwasser einsetzbar
- Das gute Gewissen, ein hochwertiges Produkt für Power to Heat zu haben um **maximalen Sonnenstrom** zu **speichern**

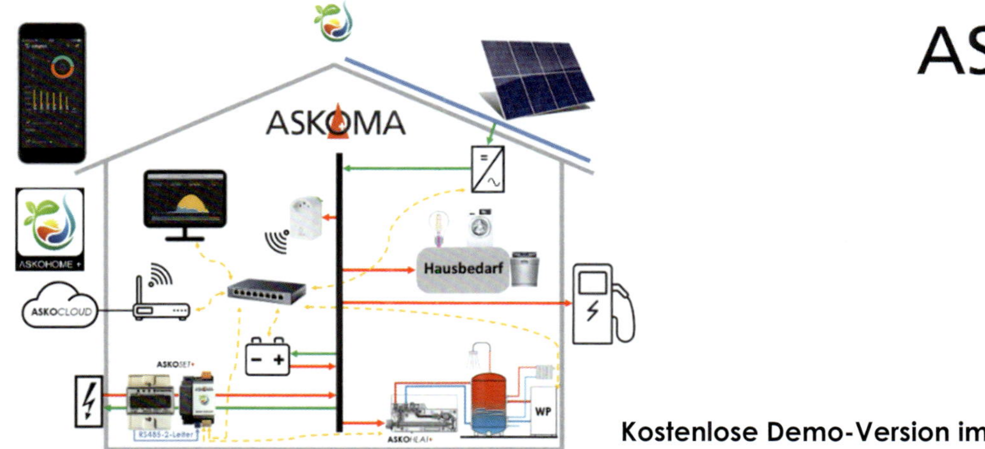

Kostenlose Demo-Version im APP- oder Play Store:

Smart und nachhaltig
Die Kraft der Sonne intelligent übertragen auf die Ansprüche von heute: Willkommen im neuen Zeitalter integrierter Solarstromlösungen.
Solardachziegel
Die neue Generation der Photovoltaik – Made in Germany
Die Solaranlage, die keine Ecken und Kanten scheut.
Mit autarq-Solardachziegeln sind Verschattungen kein Thema mehr.
Sie ermöglichen die optimale Nutzung der Dachflächen.
autarq
Brüssower Allee 87 I 17291 Prenzlau I Tel:03984 / 71 98 928 I info@autarq.com I www.autarq.com

BMI in Deutschland: Solarlösungen für Dächer

Als Pionier in Sachen Dächer sind wir der einzige Anbieter in Deutschland, der Ihnen beides aus einer Hand bietet: Steil- und Flachdächer für Wohn- und Nutzgebäude. Dazu gehören auch Photovoltaik- und Solarthermie-Anlagen für Neubau und Sanierung. Unkompliziert zu installieren und ideal aufeinander abgestimmt. Ganz gleich welche Anforderungen Sie an Ihre Solarlösung stellen.

Hochleistungsflachkollektor „Braas TK": Herzstück der Komplettlösungen zur Trinkwassererwärmung und Heizungsunterstützung

Das Braas Indach-System PV Indax: Hoher ästhetischer Anspruch durch nahtlose Integration in die Dacheindeckung

PV Easywave - Stromgewinnung auf dem Flachdach: Ein aerodynamisches, durchdringungsfreies PV-System. Es muss nicht verschraubt werden und schont so die Dachdecke.

WO WIR SIND? DORT, WO SIE UNS BRAUCHEN

Mit über 350 erfahrenen Mitarbeiterinnen und Mitarbeitern im Vertrieb und in der technischen Beratung wissen wir genau, was Sie bei der Planung und Realisierung von Dächern bewegt. Deshalb stellen wir Ihnen während der Entwurfs- und Bauphase einen festen Ansprechpartner als Beraterin oder Berater zur Seite. Speziell für Sie und Ihr Projekt.

WER WIR SIND

BMI ist Marktführer in Deutschland. Unser Fokus liegt auf innovativen Dach- und Bauwerkslösungen, die für mehr Wohnkomfort, Werterhalt, Sicherheit und Schutz sorgen. Mit über 2.000 Mitarbeitern, 17 Produktionsstandorten, einem F&E-Zentrum und vier starken Marken im Markt: Braas, Icopal, Vedag und Wolfin.

KONTAKT

BMI in Deutschland
Frankfurter Landstraße 2–4
61440 Oberursel

Technische Beratung
E solarberatung.de@bmigroup.com
T 06104 800 3000 (Braas)
T 0800 8547 120 (Icopal)
T 0951 1801 9521 (Vedag)
T 06053 70851 41 (Wolfin)

bmigroup.de

BRAAS icopal VEDAG WOLFIN

Nicht nur kosteneffizient – hohe Autarkiegrade auch im Wohnungsbau

- Stufenlose Leistungsregelung elektrischer Wärmeerzeuger, schnell und präzise
- Hohe solare Deckungsgrade möglich
- Bis zu 85 % PV-Eigenverbrauch – ohne Batteriespeicher!
- Solarwärme direkt beim Abnehmer durch dezentrale photovoltaische Warmwasserbereitung
- Überblick in Echtzeit über den Verbrauch mittels Cloudlösung my-PV.LIVE
- Systemoffen für verschiedene Wechselrichter, Batteriesysteme und Smart Homes
- Ermöglicht leistbares Wohnen
- Keine thermischen Verluste durch Zirkulationsleitungen
- Einfachste Installation und Bedienerfreundlichkeit
- Verkleinerung des Haustechnikraumes
- Wartungsfrei durch „Kabel statt Rohre"
- Erfüllung der Hygieneanforderungen
- Als Eigenversorgungslösung für Ü20-Anlagen geeignet

Viele interessante Projekte finden Sie unter:
www.my-pv.com/de/info/referenzen

ENERGIEDÄCHER VON NELSKAMP

PLANUM PV-MODUL

Die planebenen Dachsteine von Nelskamp gibt es jetzt als Solarvariante. Mit 1,5 m Deckbreite nutzen sie die Dachfläche optimal aus, insbesondere bei Walm- und Zeltdächern. Der Planum PV-Ziegel wird mit nur drei Schrauben befestigt und ist daher schnell zu montieren.

Nelskamp bietet eine Produktgarantie von 10 Jahren. Die Garantie für die Solarleistung beträgt über 10 Jahre 90 Prozent und über 25 Jahre 80 Prozent der Nennleistung.